家庭服务机器人工具和环境的功用性认知研究

Researches on Affordance Cognition of Tool and Environment for Home Service Robot

吴培良　著

科学出版社

北京

内 容 简 介

本书系统介绍了家庭服务机器人工具与环境认知研究的最新成果. 全书分为工具功能认知、环境功能认知、环境建图三大部分. 其中, 工具功能认知着重阐述工具功用性部件及工具整体的建模与检测; 环境功能认知着重阐述室内功能区建模与分类; 环境建图着重阐述家庭全息地图表示与构建, 以及物联网机器人系统同时定位、标定与建图.

全书注重系统性、严谨性、理论性和可读性, 可以作为高等院校计算机、智能科学与技术、模式识别等专业本科生及研究生的教学用书, 也可作为相关专业科研工作者的参考辅导工具书.

图书在版编目 (CIP) 数据

家庭服务机器人工具和环境的功用性认知研究/吴培良著. —北京: 科学出版社, 2018. 5
ISBN 978-7-03-057258-5

Ⅰ. ①家⋯ Ⅱ. ①吴⋯ Ⅲ. ①家政服务-智能机器人-研究 Ⅳ. ①TP242.6

中国版本图书馆 CIP 数据核字 (2018) 第 081794 号

责任编辑: 周 涵／责任校对: 杨 然
责任印制: 张 伟／封面设计: 无极书装

科 学 出 版 社 出版
北京东黄城根北街 16 号
邮政编码: 100717
http://www.sciencep.com

北京建宏印刷有限公司 印刷
科学出版社发行 各地新华书店经销
*
2018 年 5 月第 一 版 开本: 720×1000 B5
2020 年 2 月第三次印刷 印张: 8 1/2 彩插: 4
字数: 181 000
定价: 68.00 元
(如有印装质量问题, 我社负责调换)

前　言

2017 年 7 月 8 日，国务院印发了《新一代人工智能发展规划》，其开篇指出：人工智能的迅速发展将深刻改变人类社会生活、改变世界.

在机器智能研究领域，2007 年比尔·盖茨提出了"机器人进入千家万户"的宏伟设想，十年后的今天，扫地机器人、教育机器人等具备基本服务能力的机器人产品进入普通家庭，极大地方便和改善了人们的日常生活. 在人工智能与机器人结合的前沿领域，能够与作业环境、人和其他机器人自然交互，自适应复杂动态环境并协同工作的共融机器人概念已被提出，其研究框架雏形正在逐步形成.

作为共融机器人的基础技术之一，功用性认知研究旨在使机器人像人一样认识日常生活中工具及环境的功能用途. 近几年，斯坦福大学的李飞飞研究团队和康奈尔大学的 Ashutosh Saxena 研究团队不约而同地指出，功用性是物品及场景的重点语义特征，这一语义特征在人类认知和活动中起到巨大作用，频繁出现在人们的日常用语中，并且深刻地影响着人们的理解和交互. 从某种程度上讲，功用性是一种比名称和空间位置更有意义的语义描述.

事实上，纵观人类文明史，社会每一次进步几乎都与使用工具息息相关；在人的成长过程中，学习使用工具也是必须具备的能力. 依此推理，假如拥有了学习和使用工具的能力，毫无疑问，机器人也将迈向更高层次的文明.

而人工智能的发展，为机器人搭建好了阶梯！

受比尔·盖茨先生"机器人进入千家万户"设想的鼓舞，本课题组于 2008 年明确了家庭服务机器人的研究方向，起初的研究侧重适应机器人服务需要的包含工具等信息的环境地图，我们称之为全息地图. "全息"含义有二：一为空间，二为时间. 继而，为了真正从时空维度完整掌握服务环境的空间分布和动态变化，我们将物联网理念引入家庭环境，与机器人有机构成家庭智能空间，研究了家庭智能空间服务机器人全息环境地图相关理论与技术，以及网络机器人系统协同定位、标定与建图问题解耦及算法实现，构建了表征空间分布与实时变化的家庭环境全息地图，有助于机器人全局环境认知与服务任务规划.

但上述研究本质上仍属于感知问题研究，在研究过程中，我们越来越深刻地认识到，要想提高机器智能和共融式宜人化服务水平，仅研究环境地图远远不够，还需要深入认知环境及工具的功能、用途. 基于该思想，我们发现并开始关注工具和环境的功用性认知问题，我们认为，作为环境全息地图的有效补充，功用性是连通现实世界与任务世界的桥梁，是由被动认知到主动认知的关键转折.

时至今日，智能算法已经在部件功用性、工具功用性、环境功用性、全息建图等方面崭露头角，这几个方面由点到面，互相关联、互为补充，构成了本书的主体内容. 全书由吴培良负责统稿，具体章节撰写分工如下：

第 1 章由吴培良撰写；第 2 章由付卫兴、吴培良撰写；第 3 章由隰晓珺、吴培良撰写；第 4 章由李亚南、吴培良撰写；第 5 章由何薪、吴培良、付卫兴撰写；第 6 章由何薪、吴培良撰写；第 7 章由李亚南、吴培良撰写；第 8 章至第 10 章由吴培良撰写. 书稿的校核工作由金昱旸、杨芳负责.

回首全息地图及功用性认知的研究之路，过程绝非一帆风顺. 在每次迷茫的时候总能有幸得到我的博士生导师孔令富先生和博士后导师侯增广先生的耐心指导，使我得以坚持至今，感激之情非言语所能表达；感谢张世辉师兄和赵逢达师兄的悉心关怀和点拨；在研究过程中与师弟孔亮博士、段亮亮博士、景荣博士的深入交流至今受益匪浅；还需要感谢的是一路陪我走来的研究生团队，在人工智能研究处于低谷的时候，他们可以顶住压力随我一起潜心研究，并为本书的写作贡献了重要力量.

在本书的撰写过程中，我们参考了许多同类学术论文，吸收了许多观点，并在参考文献中列出，在此由衷地表示感谢.

本书的出版得到了国家自然科学基金项目 "家庭智能空间服务机器人全息环境地图相关理论与技术研究"(项目编号：60975062) 和 "网络机器人系统协同定位、标定与建图问题解耦及算法实现"(项目编号：61305113)、河北省自然科学基金项目 "家庭物联网机器人系统同时定位标定与建图问题研究" (项目编号：F2012203199) 和 "学习型家庭服务机器人免标签环境含功用性认知方法研究" (项目编号：F2016203358)，以及中国博士后科学基金项目 "家庭服务机器人日常工具功用性认知研究" (项目编号：2018M631620) 的资助，在此一并表示感谢.

由于作者水平有限，书中难免存在不足之处，敬请读者批评指正.

吴培良

燕山大学

2018 年 5 月

目　　录

彩图

第1章 基础知识

1.1 研究背景

随着社会进步和机器人技术的不断发展, 特别是在比尔·盖茨提出 "机器人进入千家万户" 的战略设想后, 家庭服务机器人逐渐受到人们关注, 此外, 在人口老龄化日益严重的今天, 智能服务机器人进入家庭为老人、残障人士提供服务的需求越来越迫切. 在这样的背景下, 众多发达国家都对家庭服务机器人的研究高度重视, 相继制订了相应的战略发展规划. 我国科学技术部也组织编制了《服务机器人科技发展 "十二五" 专项规划》, 将服务机器人研究作为 "十二五" 期间机器人技术研究的重要部分. 国家自然科学基金委员会也启动了 "共融机器人基础理论与关键技术研究" 重大研究计划, 明确提出了对能够与作业环境、人和其他机器人自然交互、自主适应复杂动态环境并协同作业的共融机器人的概念及其研究方向. 在这些政策导向的推动下, 国内外很多著名高校和学者先后投身其中, 家庭服务机器人的研究逐渐进入了高速发展时期.

尽管已有众多的高校和科研机构对服务机器人展开了研究, 但是目前服务机器人的研究仍处于一个较低的水平, 相比人们期望的机器人进入日常家庭, 提供宜人化服务还有一定差距, 其原因主要在于机器人自身智能程度的限制以及家庭环境的复杂性. 在家庭环境下, 服务机器人要完成一项服务任务 (如获取和操作工具), 往往涉及 "用到哪些工具?" "工具是什么样的?" "工具在哪里?" "我在哪里?" 和 "我怎样到达工具处?" 等问题, 其中, 前两个问题属于工具知识表示与推理的范畴, 后三个问题则可通过有效的地图模型寻求解决. 事实上, 在服务机器人研究领域中, 有效的工具知识表示和环境地图模型是机器人理解并适应环境, 继而完成路径规划和定位导航, 并最终提供自然交互服务的基础.

服务机器人对工具和环境的理解研究经历了两个阶段, 即感知阶段 (面向导航) 和认知阶段 (面向自然交互). 在感知阶段, 工具表示主要基于颜色、纹理等底层表观特征, 环境也主要以几何、栅格、拓扑等地图形式描述, 该阶段缺乏对物品功用性等语义的描述, 且地图信息也过度简化而仅适用于路径规划和定位导航, 对机器人环境理解和与人自然交互帮助甚少. 发展到认知阶段, 工具的中层和高层语义信息得到重视, 并且通过在传统感知地图中加入这些语义信息, 初步建立了与人类认知相兼容的环境描述, 即认知地图.

在人类认知过程中, 对家庭工具的认知通常通过有参照地学习 (聚类和监督式学习的思想) 同类工具的表观和语义来构建该类工具的模型, 对家庭场景的认知则根据其中所含标志性工具将场景赋予特定语义信息. 总体来看, 这些语义信息在人类活动中起着至关重要的作用, 频繁出现在人们的日常用语中, 并且深刻地影响着人们的理解和交互. 传统感知型机器人正是由于没有考虑工具及场景的语义, 因此无法以与人相同或相似的方式认知服务环境, 故而难以与人形成自然交互而做到人性化服务.

目前, 认知环境及其中功能区场景、工具的研究已经初步展开, 但问题还远未到解决的程度, 通用的、实用化的工具与功能区知识表示及认知地图表示方法仍需要进一步深入研究. 在认知层面上, 当前研究主要聚焦在工具名称及空间关系语义上. 但根据李飞飞等研究团队的最新调查研究, 功用性这一语义特征在人类认知中起到更大作用, 某种程度上讲, 功用性是一种比名称及空间关系更有意义的语义描述, 将其融入环境认知中将极大地提升机器人认知水平. 此外, 目前可认知环境中工具及功能区的语义信息大多依靠所粘贴的语义标签来提供, 机器人通过阅读标签获取语义, 属于一种被动式认知方式, 且标签标记存在负担繁重、部分工具标记困难的问题. 随着图像处理和机器学习理论的发展, 模拟人类的环境认知与学习机制, 使机器人自主识别工具与场景已成为服务机器人领域的一个重要研究方向.

此外, 对于工作在家庭这种动态复杂环境的机器人, 受自身感知范围所限, 机器人难以实时地获得整个家庭的动态信息, 不利于其提供快捷高效的服务. 物联网技术将日常物品连成网络并进行智能化识别、定位、跟踪、监控与管理. 通过将物联网与服务机器人有效结合, 可实现两者的优势互补: 一方面, 物联网为机器人提供全局感知, 弥补机器人全局感知能力弱的缺陷; 另一方面, 机器人可视为物联网的执行机构, 从而使物联网具备主动服务能力. 可见, 物联网机器人系统是机器人进入家庭提供智能服务的可行发展方向.

1.2 国内外研究现状

本书围绕基于学习的家庭物联网机器人系统工作环境深层认知关键理论与技术展开探讨, 所研究的问题属于机器学习、状态估计等理论及其在机器人环境理解与认知方面的应用. 由于家庭环境认知的复杂性, 目前国内外研究主要集中在工具识别、室内场景识别, 以及环境地图表示与构建三个方面独立展开.

1.2.0.1 工具识别研究

工具识别是服务机器人应具备的基本功能. 目前, 工具识别算法大致可以分为三个类别: 第一类以 Dalal 和 Triggs 提出的基于支持向量机分类器的方向梯度直

方图 (histogram of oriented gradient, HOG) 特征刚性检测器为代表[1], 作为刚性模型的扩展, 变形部件模型[2] 在很多基准测试中取得了不错的效果. 第二类建立在 Viola 和 Jones[3] 工作基础之上, 使用了 Boosting 方法和各种不同的特征通道. 此类检测器在处理工具轮廓方面不够灵活, 但是在行人数据集下具有很好的识别精度, 并可达到在线识别. 第三类为基于投票机制的工具中心预测器[4]. 上述方法均在 RGB 图像上进行处理, 未考虑场景图像的深度信息. 目前随着可同时获取颜色和深度数据的低成本 RGB-D 相机的出现, 基于 RGB-D 进行工具识别逐渐引起学者的关注. 与此同时, 受特征学习研究的推动, 机器人领域的学者们开始对其展开研究并应用于 RGB-D 工具识别. Bo 等[5] 通过将核观点引入深度图和 3D 点云提出了 RGB-D 核描述符, 并在 RGB-D 工具数据集下得到了更高的识别精度. Blum 等[6] 将 K 均值 (K-means) 聚类特征学习用于 RGB-D 工具识别. 最近, 卷积神经网络 (convolutional neural networks, CNN) 被用来训练并提取图像的 CNN 特征, 以进行场景中工具的识别[7], 实验结果表明, 基于 CNN 特征的工具识别算法准确率较其他常规算法明显提高, 该研究还指出, 在 RGB 图像上提取 CNN 特征的方法同样适用于深度图像, 且将 RGB 和深度信息结合可生成更加丰富的特征. 上述方法虽然在识别准确率上有不断提高, 但大部分都基于滑动窗口机制, 由于 RGB-D 图像搜索空间巨大, 因此很难达到在线识别. 将视觉显著性计算、随机森林、K 均值等方法引入工具检测和识别算法中, 为实现在线识别提供了一种有效的解决策略, 在该方面本课题组已经展开初步研究[8−10].

此外, 受自然交互和宜人服务任务驱动, 机器人已能识别工具的一些基础语义信息, 如工具名称、种类等. 近年来, 功用性 (affordance) 被提出来[11,12], 其因连通现实世界与任务世界而被认为是语义的重要组成部分. 借鉴人类认知方式, 使机器人具备工具部件功用性认知能力, 对机器人主动智能提升具有重要意义. 目前, 机器人主要通过读取语义标签方式被动获取工具功用性等语义, 基于推理学习的主动认知方法研究刚刚出现[9−13].

1.2.0.2 室内场景识别研究

室内场景识别在机器人和计算机视觉领域是一个非常具有挑战性的开放问题. Lazebnik 等[14] 在该方面做出了开创性的工作, 随后场景识别主流方法致力于利用表观特征或空间信息来构建场景图像的全局表示, 并在室外场景识别时取得了很好的效果, 但针对室内场景表现不佳, 其原因有二: 第一, 室内工具存在形式的多样性, 造成同类场景呈现较大差异; 第二, 人造环境中不同场景类间存在相似性. 为了弥补低层特征表示方法的不足, 一些中层和高层语义信息被用来进行图像的表示. 文献 [15] 提出了一种考虑不同视觉单词间的空间关系的空间金字塔匹配模型. 文献 [16] 建立了一种语义框架, 通过基于隐藏工具的语义表示方法来预测图像类别. Wan 等[17] 提出了一种更加有效的高层特征表示方式, 不仅考虑到场景图像中出现的工具, 还将各个工具之间的空间位置关系考虑其中, 包括前、后、上、下、左、右、包含、被包含、近、远.

传统视觉感知模型通过识别场景的工具推断场景类型, 然而目前的研究成果表明人类对图像的局部细节并不敏感. 心理学家则预测功用性是实现人类感知外部环境的关键[18]. 将所含工具功用性、布局 (位置) 及空间关系等语义信息融合起来, 是提高场景识别准确率的行之有效的研究方向, 本课题组提出一种规避码本的室内功能区表示与建模方法[19].

1.2.0.3　环境地图表示与构建研究

地图是服务机器人理解所处环境, 实现自主导航以及与人进行交互的基础. 环境地图的精度和内容的完备性将直接影响机器人的服务质量. 从地图形式和内容看, 对环境的描述主要分为感知类地图和认知类地图两大类. 感知地图研究较早, 发展到现在主要有几何地图、拓扑地图、混合地图等. 认知地图[20,21] 也称语义地图[22,23]、全息地图[24,25] 等, 是一种集成了工具空间分布及自身属性, 同时包括各种上下文语义及其推理关系的功能强健的新型环境模型. 文献 [26] 提出了空间混合级联地图模型, 文献 [22] 通过识别粘贴在大工具上的 QR Code 标签, 构建了含大工具功能属性和归属关系描述的三维栅格语义地图.

在环境地图构建方面, 基于概率方法的机器人同时定位与建图 (simultaneous localization and mapping, SLAM) 仍是目前的主流研究方法[27,28]. Rao-Blackwellized 粒子滤波 (Rao-Blackwellized particle filtering, RBPF) 同时具备扩展卡尔曼滤波 (extended Kalman filter, EKF) 和粒子滤波的优势, 已被成功应用于 SLAM 中[28]. 尽管国内外学者对 SLAM 问题已经进行了深入研究, 定位与建图的精度得到了大幅提升, 然而, 此过程中传感器机载, 机器人观测误差与运动误差相耦合, 导致定位和建图误差会随机器人运动距离发生不可避免的扩散.

综上可见, 现有认知地图更多地关注表观特征和工具空间关系等语义信息, 而忽略了功用性这一关键语义. 此外, 通过人工标签获取工具语义的方式存在标注工作繁重、适用性有限等缺点, 且因破坏环境原貌、不符合日常习惯而显得不够自然、和谐.

1.2.0.4　发展动态分析

家庭物联网机器人系统环境认知是当前服务机器人研究的重要热点问题, 但该问题的解决还有很长的路要走. 目前研究仍处于初级阶段, 存在以下难点问题.

(1) 完整有效的环境知识表示模型尚待研究建立. 必须明确, 仅依靠认知地图并不能达到自然交互、宜人服务级别的环境认知. 尽管认知地图能够描述家庭环境中场景与工具间的包含关系及空间上下文语义, 使机器人具备了初步的服务空间概念, 但这对达到自然交互的要求还远远不够. 受人类认知启发, 分别针对工具及功能区构建包含更深层次语义信息的知识库, 并研究其与认知地图的关联关系, 将是一种提升服务质量的有效途径.

(2) 机器人环境认知的主动学习能力尚需提高. 当前, 机器人对环境及其组成成分的表观特征已可通过各类传感器获取并分析, 但对语义层面的特征则需要借助语义标签方式由人告知. 这种被动式获取方式, 一方面限制了机器人在自然家庭环境中的应用, 另一方面, 对机器人智能增长亦无推动. 因此, 对服务机器人环境认知的主动学习方法亟待展开研究.

(3) 工具、功能区的语义内涵有待扩展. 面向自然交互, 机器人需要与人类认知方式相兼容, 因此, 现有工具及功能区的语义描述需要扩展. 近几年斯坦福大学李飞飞研究团队[11] 和康奈尔大学 Ashutosh Saxena 研究团队[12] 不约而同地指出, 功用性是工具及功能区的重点语义特征. 此外, 对功能区功用性的认知还需要参考其中工具功用性、布局及空间关系等诸多因素联合确定.

综上所述, 服务机器人对服务环境的理解已由感知层面深化到认知层面, 相关研究也已由对物理空间和表观特征空间的建模转移到语义空间下的建模, 但该方面研究刚刚开始, 亟待展开进一步深入研究. 综合研究现状以及作者本人和所在课题组在环境认知方面已展开的研究工作, 本项目组提出在免标签自然家庭环境下, 基于学习的家庭物联网机器人系统自主环境认知研究课题, 对提升机器人环境认知深度、广度及自主性方面所涉及的关键理论和方法展开综合性的研究, 针对工具及功能区的知识表示、知识库构建与更新、与知识库关联的认知地图分层描述与物联网机器人联合建图等问题提出较为系统的解决方案.

1.3 本书所用特征

1.3.1 深度几何特征

本书根据深度图像计算功用性边缘检测模型对应的几何特征, 其中平均曲率为微分几何中反映曲面弯曲程度的内蕴几何量, 记为 f_{MC}, 主曲率为 (k_1, k_2), $k_1 > k_2$, 则 $f_{MC} = (k_1 + k_2)/2$. 梯度幅值和方向梯度直方图特征是用来进行物体边缘检测的有效特征描述子. 形状指数 (SI) 和曲度 (CV) 表征表面在不同方向的弯曲, 体现人对形状的感知. 形状指数 SI 和曲度 CV 的计算公式如下:

$$\text{SI} = -\frac{2}{\pi} \arctan\left(\frac{k_1 + k_2}{k_1 - k_2}\right), \quad \text{CV} = \sqrt{\frac{k_1^2 + k_2^2}{2}} \tag{1.1}$$

表面法向量是几何体表面的重要属性. 本书从深度数据恢复 3D 点云, 再从中估计出 3D 表面法向量，并去除样本块均值，使得视角变化时表面法向量特征鲁棒性更强.

高斯曲率 (Gaussian curvatures) 同平均曲率一样是曲面论中重要的内蕴几何量，记为 f_{GC}，则 $f_{GC} = k_1 k_2$（k_1 和 k_2 为曲面上一个点的两个主曲率）. 联合高斯曲率和平均曲率可以确定 8 种曲面类型：峰、脊、鞍形脊、最小面、平面、阱、谷和鞍形谷，有助于识别不同功用性的内部结构.

1.3.2　SIFT 特征

尺度空间极值检测　首先在图像尺度空间通过高斯差分 (difference of Gaussian, DoG) 函数查找潜在的兴趣点，初步确定这些点的位置和尺度. DoG 定义为两个不同尺度的高斯滤波器的差分，即

$$D(x, y, \sigma) = (G(x, y, k\sigma) - G(x, y, \sigma)) * I(x, y) = L(x, y, k\sigma) - L(x, y, \sigma) \quad (1.2)$$

式中，$G(x, y, k\sigma)$ 为二维高斯函数，σ 为高斯正态分布的方差，$I(x, y)$ 表示原始图像，$*$ 表示卷积运算.

如图 1.1 所示，在检测尺度空间极值时，图中标记为叉号的像素为当前处理的像素点，它需要跟包括同一尺度的周围邻域 8 像素和相邻尺度对应位置的周围邻域 9×2 像素共 26 像素进行比较，如果该点为局部最小值或最大值点，则该点为兴趣点. 最底部和最顶部的 DoG 尺度图像，由于没有下一级图像和上一级图像，因此不再进行极值点检测.

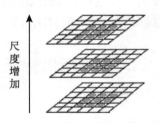

图 1.1　DoG 尺度空间局部极值检测

兴趣点初选择　以上获得兴趣点是候选兴趣点，需要对这些兴趣点进行检验以保证可靠性. 首先删除对噪声敏感的低对比度或在边缘定位差、不稳定的兴趣点，以增强匹配稳定性、提高抗噪声能力. 为了进一步提高定位的稳定性，Lowe 利用一个 3D 二次函数拟合兴趣点周围的采样点来寻找插值的最大值[29]，不再简单地将兴趣点位置选择为中心采样点的位置. 实验表明，精确确定候选兴趣点的位置对兴趣点的匹配也有极大的改善.

确定兴趣点方向向量　排除掉不稳定兴趣点和精确定位兴趣点后，利用兴趣

点邻域像素的梯度方向分布特性为每个兴趣点指定方向参数, 使特征具备旋转不变性. 兴趣点 $[x\ y]$ 处的邻域内梯度大小 m 和梯度方向 θ 的计算公式如下:

$$m(x,y) = \sqrt{\left(L(x+1,y) - L(x-1,y)\right)^2 + \left(L(x,y+1) - L(x,y-1)\right)^2} \quad (1.3)$$

$$\theta(x,y) = \arctan 2\left(\left(L(x,y+1) - L(x,y-1)\right) / \left(L(x+1,y) - L(x-1,y)\right)\right) \quad (1.4)$$

实际计算时, 在以兴趣点为中心的邻域窗口内采样, 并用直方图统计邻域像素的梯度方向. 方向梯度直方图的范围是 $0° \sim 360°$, 其中每 $10°$ 为一个组 (bin), 总共 36 个 bin. 直方图的峰值则代表了该兴趣点处邻域梯度的主方向, 即作为该兴趣点的方向. 为了增强匹配的鲁棒性, 在方向梯度直方图中, 当存在另一个相当于主峰值 80% 能量的峰值时, 则认为这个方向是该兴趣点的辅方向. 一个兴趣点可能会被指定具有多个方向 (一个主方向, 一个以上辅方向).

至此, 图像的兴趣点已检测完毕, 每个兴趣点的位置、所处尺度和方向已经确定, 下一步是生成对应每个兴趣点的特征描述符.

生成尺度不变特征变换 (scale-invariant feature transform, SIFT) 兴趣点特征描述符　　首先将坐标轴旋转为兴趣点的方向, 以确保旋转不变性. 然后以兴趣点为中心取 8×8 的窗口. 图 1.2(a) 的中央黑点为当前兴趣点的位置, 每个小格代表兴趣点邻域所在尺度空间的一个像素, 箭头方向代表该像素的梯度方向, 箭头长度代表梯度大小, 图 1.2(a) 中圆圈代表 0.5 倍高斯函数加权范围 (越靠近兴趣点的像素梯度方向信息贡献越大). 最后在每 4×4 的小块上计算 $0°, 45°, \cdots, 315°$ 共 8 个方向的方向梯度直方图, 绘制各梯度方向的累加值形成种子点, 如图 1.2(b) 所示.

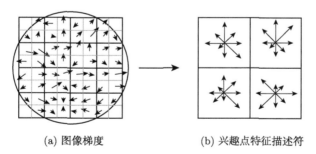

(a) 图像梯度　　　　　　　　　(b) 兴趣点特征描述符

图 1.2　SIFT 特征描述符的生成

图 1.2 中一个兴趣点由 2×2 共 4 个种子点组成, 每个种子点有 8 个方向向量. 这种邻域方向性信息联合的思想增强了算法抗噪声的能力, 同时对于含有定位误差的特征匹配提供了较好的容错性.

此时 SIFT 特征向量已经去除了尺度变化、旋转等几何变形因素的影响, 再继续将特征向量的长度归一化, 则可去除光照变化的影响, 使其对亮度变化不敏感.

实际计算过程中, 为了增强匹配的稳健性, Lowe 建议对每个兴趣点使用 4×4 共 16 个种子点来描述, 这样对于一个兴趣点就可以产生 128 个数据, 即最终形成 128 维的 SIFT 特征向量[29].

1.3.3　SURF 特征

加速鲁棒特征 (speeded up robust feature, SURF)[30] 算法是一种图像局部特征计算方法, 基于物体上的一些局部外观的兴趣点而生成, 对方向旋转、亮度变化、尺度缩放具有不变性, 对视角偏移、仿射变换、噪声杂波也具有一定的稳定性. SURF 算法在保留了 SIFT 算法的优良性能的基础上, 特征更为精简, 在降低算法复杂度的同时提高了计算效率. 与 SIFT 类似, SURF 特征提取过程分为构造高斯金字塔尺度空间、利用非极大值抑制初步确定特征点、精确定位极值点、选取特征点的主方向、构造特征点描述算子等步骤, 篇幅所限, 此处不再赘述.

1.4　本书所用算法

1.4.1　结构随机森林

随机森林是结合 K 棵决策树 $(T_1, T_2, \cdots, T_K)$ 的集成学习方法[31]. 为防止过度拟合, 随机森林中的每棵决策树在随机排列的数据上训练得到, 其输出可以是类的标记 (多标记分类) 或连续值 (回归). 由于仅需通过若干决策树的二值决策函数进行推理, 使得随机森林具有极高的执行速度和灵活性. 结构随机森林 (structured random forest, SRF) 最先由 Kontschneider 等应用于空间约束的场景分割任务中[32]. 与一般随机森林相比, 结构随机森林通过对输入、输出加以约束, 可以学习到更具表现力的信息, 如形状、大小甚至抽象关系, 同时仍然保留随机森林所固有的效率优势.

结构随机森林的训练样本 c 由特征集 X 和标记集 Y 组成, 局部特征块 $x_j \in X$ 与局部语义标记块 $x_j \in X$ 属于同一个样本, 在图像中对应位置相同, 各自维度信息为 $x_j \in \mathbf{R}^{N \times N \times \alpha}$ 和 $y_j \in \mathbf{R}^{N \times N}$, N 为块采样尺寸, α 为特征通道个数.

在构建结构随机森林的决策树时, 训练样本集 D 从结构随机森林的根节点进入, 每经过一个非叶子节点都被分裂成两个子数据集, 分别向当前节点的左孩子和右孩子传递, 图 1.3 直观地给出了单棵决策树的构建过程. 需注意的是, 分裂只是样本的分组, 不会造成样本的分解, 此过程要求分裂结果获得最大信息增益且该增益大于某预设值, 本书中信息增益 G_j 由下列公式计算得到

$$H(D_j) = \sum_y p_y(1 - p_y) \tag{1.5}$$

$$G_j = H(D_j) - \sum_{c \in \{L,R\}} \frac{|D_j^c|}{|D_j|} H(D_j^c), \quad D_j \subset X \times Y \tag{1.6}$$

式中 Gini 系数 $H(D_j)$ 用于评估样本集 D_j 的纯度, 用于衡量样本数据的离散程度, p_y 是正样本在样本集中所占比例, D_j^c 是相应分裂子集, G_j 为最大信息增益. 最大信息增益 G_j 确定后, 相应非叶子节点的阈值 θ_j 同时被确定. 当子数据集到达某一节点后找不到阈值 θ_j 使得信息增益大于预设值时, 样本数据集停止分裂, 该节点即为叶子节点.

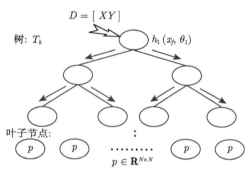

图 1.3 结构随机森林中单棵树构建示意图

本书中结构随机森林的决策树叶子节点中存储的是与 y 形式相同且距到达叶子节点的所有样本均值最近的标记块. 在检测阶段, 由待检测图像得到相应特征集 X', 将其作为 K 棵决策树的输入, 由如式 (1.7) 的决策函数决定样本 $x \in X'$ 到达叶子节点的路径,

$$h(x, \theta_j)\big|_{\theta_j=(f,\rho)} = \begin{cases} 0, & x(f) > \rho \\ 1, & x(f) \leqslant \rho \end{cases} \tag{1.7}$$

式中, $x(f)$ 为样本属性值, ρ 为相应节点阈值, 当 $h(\cdot) = 1$ (即 $x(f) \leqslant \rho$) 时, 样本去向右孩子, 反之样本去向左孩子. 利用样本所到达叶子节点中存储的分类信息给相应像素点投票, 并将所有像素对应投票归一化得到图像检测的概率图.

1.4.2 K 均值聚类

聚类在诸多领域有广泛应用, 其中包括数据挖掘、模式识别、生物信息等. 聚类具体是以数据特征为依据将静态数据分类成不同的组或集合, 如此同组或集合里的元素在特征上与其他组相比更加相似.

K 均值算法是一种简单并且典型的非监督式机器学习聚类算法. 它是一种基于距离的迭代式算法. K 均值算法以特征为坐标轴构建特征空间坐标系, 同组元素在空间坐标系中距离更短, K 值决定了聚类个数.

下面我们用实例加以说明, 假设我们提取到原始数据的集合为 $X(x_1, x_2, \cdots, x_n)$, 并且每个 x_i 为 d 维的向量, K 均值聚类的目的就是, 在给定分类组数 k $(k \leqslant n)$ 值的条件下, 将原始数据分成 k 类 $S = \{S_1, S_2, \cdots, S_k\}$, 在数值模型上即为对以下式求最小值:

$$\arg\min_S \sum_{i=1}^{k} \sum_{x_j \in S_i} ||x_j - \mu_i||^2 \tag{1.8}$$

式中, μ_i 表示第 i 类的数据特征的平均值.

K 均值算法的具体算法如下:

输入   样本集 D.

输出 k 个聚类核组成的集合.

步骤 1   从样本集 D 中随机取 k 个元素, 分别作为各个簇的中心.

步骤 2   分别计算所有元素到 k 个簇中心的相异度, 将这些元素分别划归到相异度最低的簇, 相异度可用欧几里得距离计算得到.

步骤 3   根据聚类结果, 重新计算 k 个簇各自的簇中心, 方法是计算簇中所有元素各维度的算术平均数.

步骤 4   将样本集 D 中全部元素按照新的中心重新聚类.

步骤 5   重复步骤 2~ 步骤 4, 直到聚类结果不再变化.

步骤 6   将结果输出.

1.4.3   SVM

支持向量机 (support vector machine, SVM) 在线性核下可取得较好的结果.

给定 n 个输入样本, 记为 $x_1, x_2, x_3, \cdots, x_n$, 选取该类工具的数据样本为正样本, 背景及其余种类的工具数据为负样本, 为每类工具训练分类器. 首先, 找到一个分类超平面, 其计算公式为: $w^T x - b = 0$, 其中, x 为分类超平面上的点; w 为垂直于分类超平面的向量; b 为位移量, 用于改善分类超平面的灵活性, 超平面不用必须通过原点. 然后, 在工具训练正样本中寻找支撑向量, 计算距离支撑向量最近的平行平面表示为

$$\begin{cases} w^T x - b = 1 \\ w^T x - b = -1 \end{cases} \tag{1.9}$$

最后为了确保所有的训练数据样本在平行平面划分的区域外, 在满足约束条件的情况下得到最终的分类函数:

$$f(x) = \mathrm{sign}\left(w^T + b\right)$$

1.4.4 RBPF-SLAM

机器人同时定位与建图的过程中存在着大量的未知噪声和不确定因素. 首先机器人自身具有不确定性, 如自载传感器、里程计误差; 此外, 机器人周围的真实环境也在不断变化, 这种动态的环境也充满了不确定因素. 粒子滤波(particle filter, PF) 方法可以应用于任何能用状态空间模型表示的系统, 而不受非线性、非高斯条件的限制, 因而被广泛应用于 SLAM 领域. 粒子滤波方法也叫顺序蒙特卡罗方法, 通过一系列从概率密度函数上随机选取的样本的加权和来近似后验概率, 得到状态的估计值. 然而, SLAM 属于高维状态估计问题, 使用标准粒子滤波方法的效率比较低, 只有采用大量粒子才能保证算法的精度. 此外随着粒子数目的增加, PF-SLAM 的计算复杂度也随之增加.

为了更好地解决 SLAM 问题, Montemerlo[33] 等提出了一种针对高维状态估计问题的 Rao-Blackwellized 粒子滤波. 基于 RBPF 的 SLAM 算法主要是将机器人路径和环境地图的联合后验概率估计问题分解成机器人定位问题和路标估计问题, 在继承了 PF 优良的非线性、非高斯逼近性能的同时, 能够更好地解决 SLAM 问题.

RBPF-SLAM 的基本原理是: 根据观测序列 $z^k = \{z_k | k = 1, 2, \cdots, k\}$ 和运动控制信息 $u^k = \{u_k | k = 1, 2, \cdots, k\}$, 估计机器人可能路径 $x^k = \{x_1, x_2, \cdots, x_k\}$ 的后验概率密度 $p(x^k | z^k, u^k, n^k)$, 然后利用该概率密度计算机器人路径和环境地图的联合后验概率 $p(x^k, m | z^k, u^k, n^k)$. 根据马尔可夫 (Markov) 性和贝叶斯 (Bayes) 公式可得

$$p(x^k, m | z^k, u^k, n^k) = p(m | x^k, z^k, u^k, n^k) p(x^k | z^k, u^k, n^k)$$
$$= p(x^k | z^k, u^k, n^k) \prod_{i=1}^{k} p(m_i | x^k, z^k, u^k, n^k) \tag{1.10}$$

由上式可知, 联合的 SLAM 后验概率估计可分解成机器人路径估计 $p(x^k | z^k, u^k, n^k)$ 和一系列基于已知路径的路标估计 $p(m_i | x^k, z^k, u^k, n^k)$. 概率 $p(x^k | z^k, u^k, n^k)$ 采用粒子滤波器处理, 每个粒子对应一幅单独的环境地图, 而概率 $p(m | x^k, z^k, u^k, n^k)$ 通过机器人路径 x^k 和传感器观测序列 z^k 得到. 由于机器人路径通过运动模型得到, 因此可以选择机器人运动模型作为粒子滤波的提议分布.

RBPF-SLAM 的具体算法如下:

步骤 1 采样: 根据前一时刻的样本集 $\{x_{k-1}^{(i)}\}$, 从提议分布 $q(x_k | z^k, u^k, n^k)$ 中选取样本 $\{x_k^{(i)}\}$, 用来描述当前时刻机器人位姿;

步骤 2 重要性权值计算: 根据下式计算样本权值 $w_k^{(i)}$, 即

$$w_k^{(i)} = \frac{p(x_k^{(i)} | z^k, u^k, n^k)}{q(x_k^{(i)} | z^k, u^k, n^k)} \tag{1.11}$$

步骤 3　重采样: 根据权值 $w_k^{(i)}$ 对样本 $\{x_k^{(i)}\}$ 进行重采样. 重采样的目的是缓解粒子退化现象;

步骤 4　地图估计: 在 $\{x_k^{(i)}\}$ 的基础上, 通过 $p(m_k^r|x^{k,(i)}, z^k, u^k, n^k)$ 计算地图估计 m_k^r.

1.5　本 章 小 结

本章介绍了家庭服务机器人工具和环境认知研究的目的和意义、国内外研究进展、本书所主要采用的特征和算法等相关基础知识, 这些内容是全书展开讨论的基础性描述, 也是后面各章中所涉及内容的先期介绍.

参 考 文 献

[1] Dalal N, Triggs B. Histograms of oriented gradients for human detection[C]. IEEE Computer Society Conference on Computer Vision and Pattern Recognition, San Diego, United States, 2005: 886-893.

[2] David F. Object detection with discriminatively trained part based models[J]. Computer, 2014, 47(2): 6-7.

[3] Viola P, Jones M. Robust real-time object detection[J]. International Journal of Computer Vision, 2004, 57(2): 137-154.

[4] Gall J, Lempitsky V. Class-specific hough forests for object detection[C]. IEEE Computer Society Conference on Computer Vision and Pattern Recognition Workshops, Miami, FL, United States, 2009: 1022-1029.

[5] Bo L, Ren X, Fox D. Depth kernel descriptors for object recognition[C]. IEEE/RSJ International Conference on Intelligent Robots and Systems, San Francisco, CA, United States, 2011: 821-826.

[6] Blum M, Springenberg J T, Wülfing J, et al. A learned feature descriptor for object recognition in RGB-D data[C]. IEEE International Conference on Robotics and Automation, 2012: 1298-1303.

[7] Girshick R, Donahue J, Darrell T, et al. Rich feature hierarchies for accurate object detection and semantic segmentation[C]. IEEE Conference on Computer Vision and Pattern Recognition, Columbus, OH, United States, 2014: 580-587.

[8] Wu P L, Kong L F, Duan L L. RGB-D salient object detection via feature fusion and multi-scale enhancement[C]. Chinese Conference on Computer Vision, Xi'an, China, 2015.

[9] 吴培良, 付卫兴, 孔令富. 一种基于结构随机森林的家庭日常工具部件功用性快速检测算法[J]. 光学学报, 2017, (2): 155-165.

[10] 吴培良, 何犇, 孔令富. 一种基于部件功用性语义组合的家庭日常工具分类方法[J]. 机器人, 2017, 39(6): 786-794.

[11] Zhu Y, Fathi A, Li F. Reasoning about object affordances in a knowledge base representation[C]. European Conference on Computer Vision, Zurich, Switzerland, 2014: 408-424.

[12] Koppula H S, Saxena A. Physically grounded spatio-temporal object affordances[C]. European Conference on Computer Vision, Zurich, Switzerland, 2014: 831-847.

[13] Nguyen A, Kanoulas D, Caldwell D G, et al. Detecting object affordances with convolutional neural networks[C]. Proceedings of IEEE/RSG International Conference on Intelligent Robots and Systems. IEEE, 2016: 2765-2770.

[14] Lazebnik S, Schmid C, Ponce J. Beyond bags of features: Spatial pyramid matching for recognizing natural scene categories[C]. IEEE Conference on Computer Vision and Pattern Recognition, 2006, 2: 2169-2178.

[15] Dong B, Ren G. A new scene classification method based on spatial pyramid matching model[J]. Journal of Information and Computational Science, 2015, 12(3): 1073-1080.

[16] Li X, Guo Y. Multi-level adaptive active learning for scene classification[C]. European Conference on Computer Vision, Zurich, Switzerland, 2014: 234-249.

[17] Wan S, Hu C, Aggarwa J. Indoor scene recognition from RGB-D images by learning scene bases[C]. International Conference on Pattern Recognition, 2014: 3416-3421.

[18] Greene M, Baldassano C, Esteva A, et al. Affordances provide a fundamental categorization principle for visual scenes[J]. arXiv preprint arXiv:1411.5340, 2014.

[19] 吴培良, 李亚南, 杨芳, 等. 一种基于 CLM 的服务机器人室内功能区分类方法 [J]. 机器人, 2018, 40(2): 188-194.

[20] Vaák J, Michna R. Learning of fuzzy cognitive maps by a PSO algorithm for movement adjustment of robots[J]. Advances in Intelligent Systems and Computing, 2015, 316: 155-162.

[21] Chatty A, Gaussier P, Hasnain S K, et al. The effect of learning by imitation on a multi-robot system based on the coupling of low-level imitation strategy and online learning for cognitive map building[J]. Advanced Robotics, 2014, 28(11): 731-743.

[22] Wu H, Tian G H, Li Y, et al. Spatial semantic hybrid map building and application of mobile service robot[J]. Robotics and Autonomous Systems, 2014, 62(6): 923-941.

[23] Kostavelis I, Gasteratos A. Semantic mapping for mobile robotics tasks: A survey[J]. Robotics and Autonomous Systems, 2015, 66: 86-103.

[24] 吴培良. 智能空间中服务机器人全息建图及相关问题研究[D]. 燕山大学博士学位论文, 2010.

[25] Wu P L, Kong L F, Gao S N. Holography map for home robot: An object-oriented approach[J]. Intelligent Service Robotics, 2012, 5: 147-157.

[26] Li X D, Zhang X L, Zhu B, et al. A visual navigation method of mobile robot using a sketched semantic map[J]. International Journal of Advanced Robotic Systems, 2012, 9: 1-15.

[27] Whelan T, Kaess M, Johannsson H, et al. Real-time large-scale dense RGB-D SLAM with volumetric fusion[J]. International Journal of Robotics Research, 2015, 34(3): 598-626.

[28] 吴培良, 孔令富, 孔亮. 一种普适机器人系统同时定位、标定与建图方法[J]. 自动化学报, 2012, 38(4): 618-631.

[29] Lowe D G. Distinctive image features from scale-invariant keypoints[J]. International Journal of Computer Vision, 2004, 60(2): 91-110.

[30] Na Y, Liao M M, Jung C. Super-speed up robust features image geometrical registration algorithm[J]. IET Image Processing, 2016, 10(11): 848-864.

[31] Ho T K. Random decision forests[C]. Proceedings of IEEE Third International Conference on Document Analysis and Recognition, 1995: 278-282.

[32] Koenderink J J, Van Doom A J. Surface shape and curvature scales[J]. Image and Vision Computing, 1992, 10(8): 557-564.

[33] Montemerlo M, Thrun S, Koller D, et al. FastSLAM 2.0: An improved particle filtering algorithm for simultaneous localization and mapping that provably converges[C]. International Joint Conference on Artificial Intelligence, 2003: 1151-1156.

第 2 章　基于 SRF 的工具功用性部件建模与检测

边缘存在于图像的不规则结构和不平稳现象中，在进行图像处理确定目标对象时，边缘常常提供非常显著的重要特征. 边缘检测作为一种重要预处理步骤被应用在对象识别、图像分割等任务中，旨在提高任务的执行效率. 文献 [1] 利用结构随机森林 (SRF) 实现了 2D 图像的边缘快速检测. 本章借鉴先粗糙后逐步精细化 (coarse-to-fine) 的思想[2]，针对家庭服务机器人完成服务任务时普遍使用的家庭日常工具，设计并构建工具部件功用性边缘检测器以快速定位工具部件功用性的大致区域，在此区域内进行精确定位及功用性搜索检测，从而提高家庭日常工具部件功用性的检测效率[3].

2.1　系　统　框　架

本章提出的工具部件功用性快速检测方法分为离线学习和在线检测两个阶段.

离线学习阶段：首先，分别构建工具部件功用性边缘检测器和工具部件功用性检测器，然后，利用功用性边缘检测器对训练数据集进行检测得到对应概率图，在概率图中用一系列阈值筛选出可能区域，利用工具部件功用性检测器对可能区域进行检测，评估检测结果以确定由粗到精 (coarse-to-fine) 阈值.

在线检测阶段：根据待检测功用性及图像深度信息计算相应的特征矩阵，利用工具部件功用性边缘检测器检测功用性区域边缘；利用工具部件功用性对应的由粗到精阈值筛选出较精确的功用性区域；计算选出区域对应的特征矩阵，利用工具部件功用性检测器进行功用性检测.

本章方法的整体流程如图 2.1 所示.

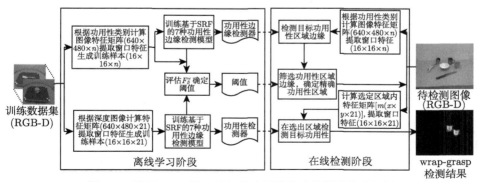

图 2.1　基于 SRF 的工具部件功用性快速检测整体流程图

2.2　模型离线训练

2.2.1　功用性边缘检测器构建

与根据过完备的几何特征对所有功用性统一建模相比,根据某种功用性的几何特征分别对其建模,并据此从场景中识别该种功用性的方法容错性更强. 另外,考虑到不同的功用性部件具有不同的几何结构特性,且在边缘处目标区域与背景形成鲜明对比,故在确定目标功用性形态和位置时,边缘特征的鲁棒性最好. 基于上述考虑,本章提出了功用性边缘检测的思想,并针对不同功用性选择不同特征构建功用性边缘检测模型,各功用性边缘检测模型联合构成功用性边缘检测器.

2.2.1.1　特征描述

由于家庭日常工具在不同角度下的某些几何特征可能不同,所以数据采集及特征提取应考虑到对视角变化的鲁棒性. 借鉴文献 [4] 从图像多通道中提取特征的方式,本章用到的特征有方向梯度直方图 (oriented gradient histograms)、梯度幅值 (gradient magnitude)、平均曲率 (mean curvatures)、形状指数 (shape index) 和曲度 (curvedness),每个特征通道按照图像原始尺度和 1/2 原始尺度各取一次得到. 本章从 16×16 大小的局部特征块提取的特征矢量为:$x \in \mathbf{R}^{16 \times 16 \times \alpha}$,其中 α 为通道数,即为表征某功用性所采用特征在两个尺度下维度之和,其值与功用性类别有关,表 2.1 中列出了不同功用性模型所选取的特征及其维度. 这里,不同功用性边缘检测选用的特征不尽相同,选取依据是该特征对表征该功用性区域边缘有效且显著.

表 2.1　工具部件各功用性边缘检测模型特征选取

几何特征/维度	部件功用性						
	抓取 (grasp)	盛 (contain)	切割 (cut)	敲 (pound)	舀 (scoop)	支撑 (support)	握抓 (wrap-grasp)
方向梯度直方图 HOG/4D	√	√	√	√	√	√	√
梯度幅值 GM/1D		√	√	√	√	√	√
平均曲率 MC/1D	√	√	√	√			
形状指数 SI/1D	√	√		√			√
曲度 CV/1D		√	√		√		√

本章根据深度图像计算功用性边缘检测模型对应的几何特征,其中平均曲率为微分几何中反映曲面弯曲程度的内蕴几何量,记为 f_{MC},主曲率为 (k_1, k_2),$k_1 > k_2$,则 $f_{MC} = (k_1 + k_2)/2$. 梯度幅值和方向梯度直方图特征是用来进行物体边缘检测的有效特征描述子. 形状指数 (SI) 和曲度 (CV) 表征表面在不同方向的弯曲,体现

人对形状的感知. 形状指数 SI 和曲度 CV 的计算详见式 (1.1).

工具部件各种功用性边缘检测模型学习用到的特征对应如表 2.1 所示, 表中 "√" 表示在训练对应功用性检测器时选取了相应的几何特征.

2.2.1.2　功用性边缘检测器构建算法

功用性边缘检测模型基于 SRF 离线学习得到. 训练数据集由 n 幅 RGB-D 图像及其标记图像组成, 其中, 深度图像用于计算特征矩阵, 标记图像保存对应图像中各工具部件功用性区域边缘标记结果. 训练样本由以 $16 \times 16 \times \alpha$ (α 为特征通道数) 为单位的特征集及相应的以 16×16 为单位的标记集组成, 标记块中每个像素的值 (0 或 1) 对应图像中像素分类结果. 用于边缘检测器学习的正样本从功用性区域边缘提取, 负样本从背景区域及其他功用性区域边缘提取.

学习功用性边缘检测模型的训练数据是目标区域的边缘, 这种用局部特征来对整体建模时存在信息不完备和不同功用性特征局部信息交叉的现象, 导致在检测几何特征相似的功用性区域边缘时产生一定的误差, 对此本章中边缘检测器借鉴文献 [5] 的投票机制平抑此类误差.

算法描述如下:

输入　　由特征集 S_f 和标记集 S_l 组成的样本集 S.

输出　　工具部件功用性边缘检测器.

步骤 1　　由训练数据集中的深度图像计算各通道特征值, 以 16×16 为单位在各个特征通道中采用滑动窗口机制随机提取一定数量的特征块及标记图中相应的标记块, 分别加入特征集 S_f 和标记集 S_l.

步骤 2　　对所有标记块进行主成分分析, 判定其对应样本为正样本或负样本.

步骤 3　　随机选择 R 维特征 ($R = M/2$, M 为特征块维度, $M = 16 \times 16 \times \alpha$) 参与构建决策树.

步骤 4　　利用样本集 S 构建决策树. 在每个分裂节点处, 从 R 维特征中随机选择 $\lfloor \sqrt{R} \rfloor$ 维特征作为样本集分裂阈值, 选取对应信息增益最大的特征值为该节点阈值, 相应的输入样本集被分裂成两个子样本集作为子节点的输入.

步骤 5　　在样本集分裂过程中, 当输入样本集取得的最大信息增益小于预设值 T 或样本个数不超过 8 个时停止分裂, 这个节点就成为叶子节点, 所有样本停止分裂.

步骤 6　　分析步骤 5 中叶子节点的输入样本集所对应标记集, 得到 16×16 大小的标记块作为此叶子节点的内容, 所有样本都到达叶子节点则此决策树构建完成, 不需要剪枝.

步骤 7　　从步骤 1 到步骤 6 重复 8 次, 生成 8 棵决策树, 这 8 棵决策树组合形成一个 SRF, 即为该种功用性边缘检测模型.

步骤 8　重复以上步骤，训练其他功用性边缘检测模型，将 7 种功用性边缘检测模型联合构成工具部件功用性边缘检测器.

这里需要指出的是，由于步骤 1、步骤 3 和步骤 4 包含三处随机选择过程，使构建决策树的训练集、参与训练决策树和决定决策树非叶子节点阈值的样本特征属性存在差异，在节点分裂时引入随机机制得到的模型更精确，这种方法被证明更加有效. 如此保证 8 棵决策树的差异性，类似做法亦可见文献 [5].

2.2.2　工具部件功用性检测器构建

2.2.2.1　特征描述

与功用性边缘检测器构建方法类似，功用性检测器的构建同样基于 SRF 并针对每种功用性训练相应的检测模型. 不同之处在于，这里所选特征除 2.2.1.1 节中梯度幅值、平均曲率、方向梯度直方图、形状指数和曲度外，为精确描述工具部件功用性，还选择 3D 表面法向量 (surface normals) 和 1D 高斯曲率 (Gaussian curvatures).

表面法向量是几何体表面的重要属性. 本章从深度数据恢复 3D 点云，再从中估计出 3D 表面法向量，并去除样本块均值，使得视角变化时表面法向量特征鲁棒性更强.

高斯曲率同平均曲率一样是曲面论中重要的内蕴几何量，记为 f_{GC}，则 $f_{GC} = k_1 k_2$ (k_1 和 k_2 为曲面上一个点的两个主曲率). 联合高斯曲率和平均曲率可以确定 8 种曲面类型：峰、脊、鞍形脊、最小面、平面、阱、谷和鞍形谷，有助于识别不同功用性的内部结构.

本章训练工具部件功用性检测模型主要基于上述 7 类特征，提取的 16×16 大小的局部特征块矢量为 $\mathbf{R}^{16 \times 16 \times \alpha}$，其中 α 代表 21 个特征通道：表面法向量 3 个、梯度幅值 2 个、高斯曲率 2 个、平均曲率 2 个、方向梯度直方图 8 个、形状指数 2 个和曲度 2 个，除表面法向量外其余特征均在图像原始尺度和 1/2 原始尺度下各取一次得到.

2.2.2.2　工具部件功用性检测器算法实现

与训练工具部件功用性边缘检测模型方式类似，功用性检测模型同样基于 SRF 离线学习得到，且训练数据集由 RGB-D 图像和标记图像组成，训练样本包含特征集和标记集两部分. 与训练功用性边缘检测模型的标记图像不同，训练功用性检测模型的标记图像是对整个功用性区域做标记，目的在于对整个功用性区域进行检测.

算法输入为由特征集 S'_f 和标记集 S'_l 共同组成的样本集 S'，输出为工具部件功用性检测器. 由于功用性检测模型与功用性边缘检测模型都是基于结构随机森林构建, 其 SRF 学习过程相同, 这里不再赘述, 算法描述见 2.2.1.2 节. 其中, 样本特征维数为 $M = 16 \times 16 \times 21$. 在完成 7 种功用性检测模型的训练后, 将其联合起来构成工具部件功用性检测器.

2.2.3 由粗到精阈值选取

本章中由粗到精阈值是指边缘检测器对图像检测得到的概率图中目标区域与干扰性区域的临界值, 用以从概率图中筛选出目标区域. 阈值过低, 检测过程易受到图片噪声影响而多选中非目标区域; 反之, 阈值过高, 在处理复杂场景时则会误滤除部分目标区域. 鉴于此, 本章提出由粗到精阈值, 对功用性边缘检测结果区域进行阈值滤波, 旨在尽可能准确得到目标功用性区域.

对功用性检测结果进行评估可以区分不同阈值的筛选质量. 这里采用文献 [6] 中介绍的 F_β 评估方法, 该方法综合考虑噪声点的概率值大小和到正确目标功用性区域的距离, 对筛选出目标区域 (功用性检测结果区域) 的质量评估更为客观, 有助于找到更为准确的阈值.

如前所述, 每种功用性分别对应一个功用性边缘检测模型, 同样地, 针对不同的边缘检测模型选取不同的由粗到精阈值, 其算法描述如下:

输入 训练数据集中的 m 幅 RGB-D 图像.

输出 阈值 $t = (t_1, \cdots, t_7)$.

步骤 1 利用功用性边缘检测器依次对 m 幅图像进行某种功用性的边缘检测得到其概率图, 在一系列阈值 (取值从 0 到 1, 每次增量为 0.01) 下获取目标区域.

步骤 2 用工具部件功用性检测器对步骤 1 得到的区域进行功用性检测.

步骤 3 对步骤 2 的检测结果进行 F_β^ω 评估, 取 m 幅图像 F_β^ω 评估平均值记为 F_β^ω, 这样得到不同阈值与 F_β^ω 值的对应关系, 取最大 F_β^ω 值所对应的阈值即为此种功用性区域检测的阈值 t_i.

步骤 4 重复步骤 1 到步骤 3, 完成其他功用性区域检测的阈值选取.

2.3 工具功用性部件在线检测

如图 2.1 所示, 离线阶段训练得到工具部件功用性边缘检测器、由粗到精阈值及工具部件功用性检测器, 在线阶段, 将其分别应用于检测目标功用性区域、筛选精确目标功用性区域和在选出区域检测目标功用性.

在线检测过程算法描述如下:

输入 待检测 RGB-D 图像, 待检测功用性类别.

输出 概率图 P, 其中每个像素的值代表该像素点属于目标功用性区域的概率.

　　步骤 1　根据待检测功用性种类选用相应的边缘检测模型, 继而确定对应的几何特征种类, 根据深度图像计算得到特征矩阵.

　　步骤 2　从特征矩阵读入检测样本, 检测样本只包含特征集, 并且记录样本在图像中的位置信息.

　　步骤 3　功用性边缘检测模型中对待检测样本分类, 利用叶子节点中内容信息对样本在图像中相应像素位置点进行投票, 综合所有决策树结果得到功用性边缘检测的概率图 P'.

　　步骤 4　选择目标功用性对应的由粗到精阈值, 对步骤 3 得到的概率图 P' 进行处理, 滤除噪声, 筛选出精确的功用性区域边界, 确定目标功用性矩形区域.

　　步骤 5　计算步骤 4 选定区域对应的特征矩阵, 采用滑动窗口机制读入检测样本, 并记录样本在图像中的位置信息.

　　步骤 6　功用性检测模型对所有检测样本进行分类, 利用叶子节点中内容信息对样本在图像中相应像素位置点进行投票, 综合所有决策树结果得到最终功用性检测的概率图 P.

2.4　实　　验

2.4.1　实验数据集

　　本章实验选用文献 [5] 中的数据集, 该数据集是目前比较完备的工具部件功用性数据集, 采集了包含厨房、园艺等共 17 大类 105 种家庭日常工具的 RGB-D 信息, 涵盖了抓取 (grasp), 切割 (cut), 舀 (scoop), 盛 (contain), 敲 (pound), 支撑 (support), 握取 (wrap-grasp) 共 7 类功用性. 每种工具在近 300 个不同视角下进行采集, 如此产生了超过 30000 组的 RGB-D 数据, 其中有 1/3 的数据进行了功用性标记. 在实验过程中, 利用标记的数据完成离线训练和在线测试, 相应训练数据和测试数据比例约为 4:1. 图 2.2(a) 为部分工具及其最主要的功用性语义描述, 图 2.2(b) 为不同工具的不同部件所对应的功用性标记, 表 2.2 给出了 7 种工具部件功用性的描述及其举例. 除了单一物品数据信息, 此数据集还提供了 3 个系列的多种物品随意摆放的复杂场景各 1000 多组数据.

2.4.2　评价方法

　　本章采用两种方法对本章方法和文献 [5] 方法的功用性检测结果进行评价.

　　方法一　统计每种功用性精度–召回率对比和阈值 F_β 值对比. 阈值在 0 与 1 之间选取, 对应每个阈值计算精度 Pr、召回率 Rc 和 F_β 值, 其计算公式如下:

$$\mathrm{Pr} = \frac{\mathrm{TP}}{\mathrm{TP}+\mathrm{FP}}, \quad \mathrm{Rc} = \frac{\mathrm{TP}}{\mathrm{TP}+\mathrm{FN}} \tag{2.1}$$

$$F_\beta = (1+\beta)\frac{\mathrm{Pr}\cdot\mathrm{Rc}}{\beta\cdot\mathrm{Pr}+\mathrm{Rc}}, \quad \beta = 0.3 \tag{2.2}$$

式 (2.1) 中 TP, FP, TN 和 FN 的含义如下:

TP(true positive): 检测结果中被判定为正样本, 事实上也是正样本的点的总数;

FP(false positive): 检测结果中被判定为正样本, 但事实上是负样本的点的总数;

TN(true negative): 检测结果中被判定为负样本, 事实上也是负样本的点的总数;

FN(false negative): 检测结果中被判定为负样本, 但事实上是正样本的点的总数.

(a) 对应功用性   (b) 目标部件功用性检测结果

图 2.2 RGB-D 数据集中部分对象 (后附彩图)

表 2.2 工具部件功用性描述及举例

功用性	描述	示例
grasp	能够用手抓住并进行后续使用操作	锤子的把手
cut	能够进行切割	刀具的刀刃
scoop	具有曲面和出入口能够舀东西	水瓢的前端
contain	具有凹槽能够盛东西	碗的内部
pound	能够用于敲击其他东西	锤子的前端
support	具有平面能够支撑松散的东西	铲子的前端
wrap-grasp	能够用手和手掌抓握	杯子的外壁

方法二 为了体现对噪声的抑制效果, 本章还采用 F_β^ω 方法对实验结果进行评价. F_β^ω 由 R. Margolin 等提出给背景像素分配权重的方法来实现[6], 其权重分配原则是像素到真实标记距离越小所分配权重值越大, 反之所分配权重值越小. F_β^ω 方法评价结果 F_β^ω 值的计算公式如下:

$$F_\beta^\omega = (1+\beta^2)\frac{\mathrm{Pr}^\omega\cdot\mathrm{Rc}^\omega}{\beta^2\cdot\mathrm{Pr}^\omega+\mathrm{Rc}^\omega}, \quad \beta = 1 \tag{2.3}$$

式中, 当 $\beta = 1$ 时, 这里 Pr^ω 和 Rc^ω 是标准精度 Pr 和召回率 Rc 的加权扩展, F_β^ω 被定义为 Pr^ω 和 Rc^ω 的加权调和平均.

2.4.3　实验结果分析

本章依次对表 2.2 中的 7 种功用性进行实验.

离线训练阶段, 学习得到某功用性的边缘检测模型及其功用性检测模型 (均为由 8 棵决策树构成的随机森林), 继而由这两个模型学习该功用性的由粗到精阈值. 依次训练得到各功用性的由粗到精阈值分别为 grasp 0.57, cut 0.38, scoop 0.43, contain 0.51, pound 0.72, support 0.59, wrap-grasp 0.53.

在线检测阶段, 工具部件边缘检测器对各种工具功用性区域边缘进行检测, 效果如图 2.3(b) 所示; 利用离线学习得到的各类工具相应的由粗到精阈值加以滤波, 筛选出精确功用性区域, 效果如图 2.3(c) 所示; 工具部件功用性检测器对筛选出区域进行功用性检测, 效果如图 2.3(d) 所示. 图 2.3(e) 是文献 [5] 基于 SRF 方法的功用性检测模型对相同图像的功用性检测结果. 对比可见, 本章方法在背景滤除方面效果显著.

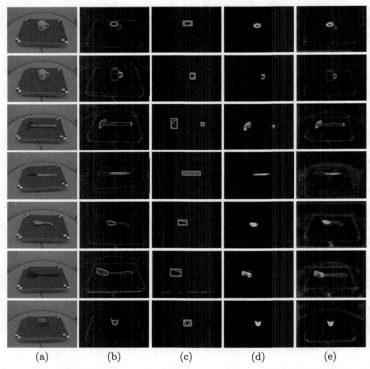

| (a) | (b) | (c) | (d) | (e) |

图 2.3　本章方法和文献 [5] 方法在单一场景下对不同工具 7 种功用性检测效果. (a) 为待检测单一场景图像; (b) 为功用性边缘检测器检测结果; (c) 为由粗到精阈值滤波结果; (d) 为本章最终检测结果; (e) 为文献 [5] 方法检测结果 (后附彩图)

图 2.4 给出了复杂场景下本章方法和文献 [5] 方法对不同功用性的检测效果. 对比图 2.4(d) 和 (e) 可以很容易看出, 本章方法结果图 2.4(d) 过滤掉了文献 [5] 结果图 2.4(e) 中的噪声干扰, 直接找到了目标功用性部件. 在抓取检测中, 本章方法和文献 [5] 方法均未有效地检测出杯子把手, 究其原因主要在于近距离观察物体可以清晰地分辨物体的轮廓结构, 而距离较远时物体轮廓结构甚至整个物体都变得模糊, 导致边缘检测及功用性检测效果不佳. 总体而言, 针对复杂场景, 本章所提方法具有更好的功用性检测效果.

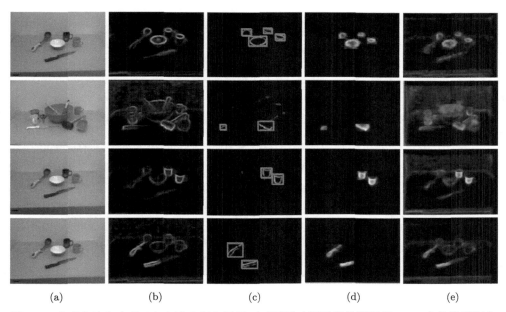

|(a)|(b)|(c)|(d)|(e)|

图 2.4 本章方法和文献 [5] 方法在复杂场景下对不同功用性的检测效果. (a) 为待检测复杂场景图像; (b) 为功用性边缘检测器检测结果; (c) 为由粗到精阈值滤波结果; (d) 为本章最终检测结果; (e) 为文献 [5] 方法检测结果 (后附彩图)

图 2.5 是使用传统方法对本章提出的方法和使用 SRF[5] 方法进行功用性检测的评价统计结果, 精度 Pr、召回率 Rc 和 F_β 值依据式 (2.3) 和 (2.4) 计算得到. 从图中可以看出在精度和召回率方面, 本章所提方法较文献 [5] 中 SRF 方法均有不同程度的提高, 在 F_β 值的对比上本章方法的优势更加明显.

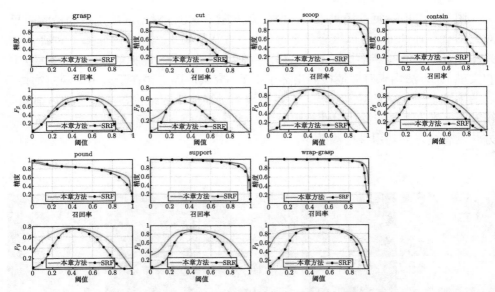

图 2.5　本章方法和文献 [5]SRF 方法对各种功用性检测结果的精度、召回率和 F_β 值对比图

表 2.3 中给出了在相同数据集下采用 S-HMP、SRF 和本章方法的评估结果对比，采用 F_β^ω 方法的评估结果. 从表中可以看出在所有功用性检测结果的 F_β^ω 平均值的比较中，采用本章方法比单纯使用 SRF 功用性检测方法高出了 7.4 个百分点，其原因主要是由于本章的方法能够提高目标功用性检测的精度，同时本章方法与 S-HMP 方法在 F_β^ω 平均值的比较中差别不大.

表 2.3　不同功用性检测方法的 F_β^ω 方法评估结果

功用性	F_β^ω(单一场景)		
	S-HMP[5]	SRF[5]	本章方法
grasp	0.367	0.314	0.554
cut	0.373	0.285	0.224
scoop	0.415	0.412	0.573
contain	0.810	0.635	0.605
pound	0.643	0.429	0.511
support	0.524	0.481	0.489
wrap-grasp	0.767	0.666	0.787
平均	**0.557**	**0.460**	**0.534**

表 2.4 给出了本章算法与已有算法的效率对比，该结果数据是在配有 16GB 内存，4 核 1.8GHz CPU 的设备上，使用 MATLAB 软件实验得到的. 对比算法采用文献 [5] 的 SRF 方法，此方法在当前功用性检测方面实时性最佳，但对比可见，本章的方法无论是对单一场景，还是对复杂场景的检测速度均明显提升. 此外，在本章

实验设备上文献 [7] 的 SAE 方法对单一场景下对象抓取位置的检测耗时约 40min，而文献 [8] 的 CNN 方法则运行于 NVIDIA Tesla K20 GPU 环境下，在普通配置的 CPU 上无法运行.

表 2.4   本章方法与目前较快方法的效率对比

功用性	用时/s				
	单一场景			复杂场景	
	SAE[7]	SRF[5]	本章方法	SRF[5]	本章方法
grasp	∼ 40(min)	14.60	1.12	15.54	1.61
cut	—	14.70	1.08	15.43	1.25
scoop	—	15.34	0.95	14.84	1.09
contain	—	14.29	0.95	14.90	1.76
pound	—	14.80	1.04	15.01	1.53
support	—	15.28	1.29	15.06	1.07
wrap-grasp	—	14.52	0.97	15.93	1.05
平均	**40(min)**	**14.79**	**1.06**	**15.24**	**1.34**

2.5   本 章 小 结

本章提出了一种基于结构随机森林的家庭日常工具部件功用性快速检测方法. 借鉴由粗到精思想，构建了一种基于结构随机森林表示的工具部件功用性边缘检测模型，并将其与功用性检测模型结合，从而提出了一种满足服务机器人在线任务需要的工具部件功用性快速检测算法. 与目前最快算法相比，本方法在检测效率上提高了 10 倍以上，且精度和召回率都有提高，为机器人快速检测工具部件功用性及工具整体认知[9] 奠定了基础.

参 考 文 献

[1] Dollar P, Zitnick C L. Fast edge detection using structured forests[J]. IEEE Transactions on Pattern Analysis and Machine Intelligence, 2014, 37(8): 1558-1570.

[2] Pedersoli M, Vedaldi A, Gonzalez J, et al. A coarse-to-fine approach for fast deformable object detection[J]. Pattern Recognition, 2015, 48(5): 1844-1853.

[3] 吴培良, 付卫兴, 孔令富. 一种基于结构随机森林的家庭日常工具部件功用性快速检测算法 [J]. 光学学报, 2017, (2): 155-165.

[4] Ho T K. Random decision forests[C]. Proceedings of IEEE Third International Conference on Document Analysis and Recognition, 1995: 278-282.

[5] Myers A, Teo C L, Fermuller C, et al. Affordance detection of tool parts from geometric features[C]. Proceedings of IEEE Conference on Robotics and Automation, Washington,

USA, 2015: 1374-1381.

[6]　Margolin R, Zelnik-Manor L, Tal A. How to evaluate foreground maps?[J]. Proceedings of IEEE Conference on Computer Vision and Pattern Recognition, 2014: 248-255.

[7]　Lenz I, Lee H, Saxena A. Deep learning for detecting robotic grasps[J]. International Journal of Robotics Research, 2015: 34(4-5): 705-724.

[8]　Redmon J, Angelova A. Real-time grasp detection using convolutional neural networks[C]. Proceedings of IEEE International Conference on Robotics and Automation (ICRA), 2015: 26-30.

[9]　吴培良, 何犇, 孔令富. 一种基于部件功用性语义组合的家庭日常工具分类方法[J]. 机器人, 2017, 39(6): 786-794.

第3章 基于联合学习的家庭日常工具
功用性部件检测

稀疏编码已成功应用于图像表示和模式识别等诸多领域,它将普通稠密特征转化为稀疏表达形式从而使学习任务得到简化,进而使模型复杂度得到降低[1]. 显著性计算领域的研究结果表明,对条件随机场 (conditional random field, CRF) 和稀疏编码的联合学习比两种方法顺序处理性能更好[2]. 借鉴该理论,本章针对功用性检测问题,整合 CRF 刻画空间上下文能力和稀疏编码特征约简的优点,综合考虑两者间的耦合关系,设计其联合条件概率表示与解耦策略,继而给出基于联合学习的算法实现.

3.1 系 统 框 架

本章的家庭日常工具功用性部件检测方法分为离线学习和在线检测两个阶段,图 3.1 直观地给出了系统框架图.

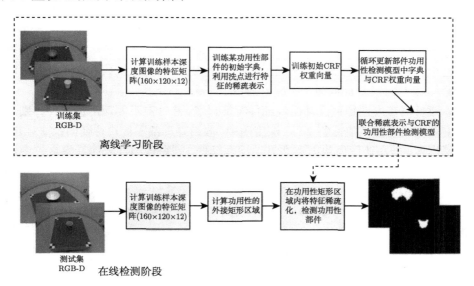

图 3.1 基于联合学习的家庭日常工具功用性部件检测系统框架图

离线学习阶段：从工具深度图像提取表征工具功用性部件的几何特征，将特征稀疏化后作为潜变量构建初始条件随机场模型，使用自适应时刻估计 (adaptive moment estimation, Adam) 方法解耦模型并实现字典和 CRF 的协同优化，得到包括最宜于表征某功用性部件的字典原子及 CRF 权重向量的功用性部件检测模型.

在线检测阶段：利用工具部件功用性边缘检测器计算功用性的外接矩形区域，在此区域内以特征稀疏表示作为图像节点信息，在联合 CRF 图模型与稀疏编码的基础上利用置信度传播算法完成图像的语义分割，得到每个图像块属于目标的概率，产生目标功用性概率图.

3.2   问题描述与公式化表示

本章研究深度图像中工具部件功用性检测问题，即给定一幅深度图像，试图得知其中是否存在某类待检测功用性部件. 针对此问题，提出了功用性部件字典的概念，并将稀疏编码用于工具部件功用性特征表示. 此外，显著性计算和目标跟踪等研究均表明，如果一个局部块表现了很强的目标特性，那么其附近的块也可能含有相似的性能[2,3]，遵循这一法则，针对该功用性字典在描述空间上下文方面的不足，引入 CRF 来表征这种空间邻域关系，从而构建出一个自上而下的基于图像块稀疏编码的 CRF 模型. 但分析可知，在该模型中 CRF 构建和稀疏编码是互相耦合的两个子问题：一方面，CRF 中节点存储图像块的特征稀疏向量，CRF 权重向量的优化将导致特征字典的更新；另一方面，各图像块的特征稀疏向量则被用于计算和优化 CRF 的权重向量.

综合上述分析，针对不同功用性部件分别训练模型，将该部件功用性区域视为目标区域，其他区域视为背景区域，深度结合 CRF 与稀疏编码，将稀疏变量作为潜变量构建 CRF，与此同时，通过 CRF 的调制更新字典.

本章针对深度图像展开功用性部件特征提取，并针对不同功用性部件分别设置与深度图同尺度的二值标签文件. 深度图中，假设某局部图像块特征向量 $x \in \mathbf{R}^p$，p 为特征维度，若在该图像块中存在某功用性部件，则令该部件二值标签文件中对应位置处的标签 $y = 1$，否则令 $y = -1$[4]. 可从图像不同位置采样 m 个图像块构建特征集 $X = \{x_1, x_2, \cdots, x_m\}$ 作为观测值，对应标签集合 $Y = \{y_1, y_2, \cdots, y_m\}$ 记录目标存在与否. 构建字典 $D \in \mathbf{R}^{p \times k}$ 用于存储从训练样本学习得到的最具判别性的 k 个深度特征单词 $\{d_1, d_2, \cdots, d_k\}$，并引入潜变量 $s_i \in \mathbf{R}^k$ 作为图像块特征 x_i 的稀疏表示，即有 $x_i = Ds_i$. 此稀疏表示可进一步公式化为如下最优化问题：

$$s(x, D) = \arg\min_s \frac{1}{2} \|x - Ds\|^2 + \lambda \|s\|_1 \tag{3.1}$$

其中，λ 为控制稀疏性的参数. 令 $S(X, D) = [s(x_1, D), \cdots, s(x_m, D)]$ 表示所有块

的潜变量, 可知 $S(X, D)$ 为关于字典 D 的函数, 且同时包含字典和图像块特征集信息.

考虑到采样块空间连接特性, 本章创建四连接图 $G = \langle v, \varepsilon \rangle$, 其中 v 表示节点集合, ε 表示边集合, 鉴于 v 中节点只与其周围四邻接节点存在条件概率关系, 而与其他节点无关. 本章以 $S(X, D)$ 作为节点信息, 则可知在 $S(X, D)$ 条件下, 图 G 具有马尔可夫性[2], 即可用如下的条件概率作为 CRF 公式:

$$P\left(Y \mid S\left(X, D\right), w\right) = \frac{1}{Z} \mathrm{e}^{-E(S(X,D), Y, w)} \tag{3.2}$$

其中, Z 为配分函数, $E\left(S\left(X, D\right), Y, w\right)$ 为能量函数, 其可分解为节点能量项与边能量项[5,6]. 对于每一个节点 $i \in v$, 该节点能量由稀疏编码的总贡献计算得到, 即 $\psi\left(s\left(x_i, D\right), y_i, w_1\right) = -y_i w_1^{\mathrm{T}} s\left(x_i, D\right)$, 其中 $w_1 \in \mathbf{R}^k$ 是权重向量. 对于每一条边 $(i, j) \in \varepsilon$, 若只考虑数据间的平滑性, 则有 $\psi\left(y_i, y_j, w_2\right) = w_2 \oplus \left(y_i, y_j\right)$, 其中 w_2 表示标签平滑性的权重, $\oplus$ 表示异或运算.

因此, 随机能量场可详写为

$$E\left(S\left(X, D\right), Y, w\right) = \sum_{i \in v} \psi\left(s\left(x_i, D\right), y_i, w_1\right) + \sum_{(i,j) \in \varepsilon} \psi\left(y_i, y_j, w_2\right) \tag{3.3}$$

其中, $w = [w_1; w_2]$.

由公式 (3.2) 可知, 学习 CRF 权重 w 与字典 D 为两个相互耦合的子问题. 给出 CRF 权重 w, 式 (3.2) 的模型可以看作 CRF 监督下的字典学习; 给出字典 D, 则可看作基于稀疏编码的 CRF 调制. 在此模型中, 通过求解下面的边缘概率来计算节点 $i \in v$ 的目标概率[7]:

$$p\left(y_i \mid s\left(x_i, D\right), w\right) = \sum_{y_{N(i)}} p\left(y_i, y_{N(i)} \mid s\left(x_i, D\right), w\right) \tag{3.4}$$

其中, $N(i)$ 表示图像上节点 i 的邻居节点.

若定义图像块 i 中目标存在的概率为

$$u\left(s\left(x_i, D\right), w\right) = p\left(y_i = 1 \mid s\left(x_i, D\right), w\right) \tag{3.5}$$

则最终图像中存在某种功用性部件的概率图为

$$U_\beta\left(S, w\right) = \{u_1, u_2, \cdots, u_m\} \tag{3.6}$$

3.3 模型优化与解耦求解

假设由 N 幅深度图构成的训练样本集为 $\chi = \left\{X^{(1)}, X^{(2)}, \cdots, X^{(N)}\right\}$, 其对应

标签为 $\psi = \{Y^{(1)}, Y^{(2)}, \cdots, Y^{(N)}\}$，本章旨在通过学习 CRF 参数 $\hat{w}$ 和字典 $\hat{D}$ 来获得训练样本的最大联合似然估计：

$$\max_{w \in \mathbf{R}^{(k+1)}, D \in \Omega, S(X^{(n)}, D)} \prod_{n=1}^{N} P(Y^{(n)}|S(X^{(n)}, D), w) \tag{3.7}$$

其中，Ω 为满足如下约束的字典集合：

$$\Omega = \left\{ D \in \mathbf{R}^{p \times k}, \|d_j\|_2 \leqslant 1, \forall j = 1, 2, \cdots, k \right\} \tag{3.8}$$

3.3.1　模型优化

对于 (3.7) 式，考虑到从有限的训练样本学习大量参数较为困难，参考 Max-margin CRF 学习方法[8]，我们将似然最大化转化为不等式约束优化问题以追求最优的 w 和 D，则对于所有 $Y \neq Y^{(n)}, n = 1, 2, \cdots, N$，有

$$P(Y^{(n)}|S(X^{(n)}, D), w) \geqslant P(Y|S(X^{(n)}, D), w) \tag{3.9}$$

在此约束优化的条件下可将两边的配分函数 Z 去掉，表示为能量项的形式：

$$E(S(X^{(n)}, D), Y^{(n)}, w) \leqslant E(S(X^{(n)}, D), Y, w) \tag{3.10}$$

若试图使实际的能量 $E(S(X^{(n)}, D), Y^{(n)}, w)$ 比任意 $E(S(X^{(n)}, D), Y, w)$ 都小[9]，则可令

$$E(S(X^{(n)}, D), Y^{(n)}, w) \leqslant E(S(X^{(n)}, D), Y, w) - \Delta(Y, Y^{(n)}) \tag{3.11}$$

本章中定义 Margin 函数为 $\Delta(Y, Y^{(n)}) = \sum_{i=1}^{m} I(y_i, y_i^{(m)})$. 通过寻求最违反约束来求解

$$\hat{Y}^{(n)} = \arg\min_{Y} E(S(X^{(n)}, D), Y, w) - \Delta(Y, Y^{(n)}) \tag{3.12}$$

因此，对式 (3.7) 中权值 w 和字典 D 的学习可通过最小化如下目标损失函数来实现：

$$\min_{w, D \in \Omega} \frac{\gamma}{2} \|w\|^2 + \sum_{n=1}^{N} l^{(n)}(w, D) \tag{3.13}$$

其中，$l^{(n)}(w, D) = E(S(X^{(n)}, D), \hat{Y}^{(n)}, w) - E(S(X^{(n)}, D), Y^{(n)}, w)$，参数 γ 控制 w 的标准化.

3.3.2 CRF 权重求解

本章采用 Adam 算法[10] 来优化式 (3.13) 中的目标损失函数, 从中解耦出 CRF 并计算其权重. 当潜变量 $S(X, D)$ 已知时, 式 (3.3) 中能量函数 $E(Y, S(X, D), w)$ 对权值 w 是线性的, 则可进一步表示为

$$E(Y, S(X, D), w) = \langle w, f(S(X, D), Y) \rangle \tag{3.14}$$

其中, $f(S(X, D), Y) = \left[-\sum_{i \in v} s(x_i, D) y_i; \sum_{(i,j) \in \varepsilon} I(y_i, y_j) \right]$, 则可得目标损失函数 (3.13) 中 CRF 权重向量 w 的梯度函数, 记为

$$g(w) = \frac{\partial l^n}{\partial w} = f(S(X^{(n)}, D), \hat{Y}^{(n)}) - f(S(X^{(n)}, D), Y^{(n)}) + \gamma w \tag{3.15}$$

对式 (3.15) 采用 Adam 算法加以求解. 若第 t 次迭代的梯度值记为 $g^{(n)}(w^{(t-1)})$, 有偏的第一时刻向量记为 $m^{(t)}$, 有偏的第二时刻向量记为 $v^{(t)}$, 则有

$$m^{(t)} = \beta_1 m^{(t-1)} + (1 - \beta_1) \cdot g^{(t)}(w^{(t-1)}), \quad v^{(t)} = \beta_2 v^{(t-1)} + (1 - \beta_2) \cdot (g^{(t)}(w^{(t-1)}))^2 \tag{3.16}$$

式中 β_1, β_2 分别为某接近 1 的固定参数. 对上式进行偏差校正, 令

$$\hat{m}^{(t)} = m^{(t)} / \left(1 - \beta_1^t \right), \quad \hat{v}^{(t)} = v^{(t)} / \left(1 - \beta_2^t \right) \tag{3.17}$$

则在第 t 次迭代后的 CRF 权重更新公式如下:

$$w^{(t)} = w^{(t-1)} - \alpha \cdot \hat{m}^{(t)} / \sqrt{\hat{v}^{(t)}} \tag{3.18}$$

式中, α 为固定参数, 其与 $\hat{m}^{(t)}$, $\hat{v}^{(t)}$ 联合构成可自适应动态调整的学习率函数.

3.3.3 字典求解

对于字典 D, 本章使用链式法则[11] 来计算 l^n 对 D 的微分:

$$\frac{\partial l^n}{\partial D} = \sum_{i \in v} \left(\frac{\partial l^n}{\partial s(x_i, D)} \right)^{\mathrm{T}} \frac{\partial s(x_i, D)}{\partial D} \tag{3.19}$$

建立公式 (3.1) 的不动点方程:

$$D^{\mathrm{T}} (Ds - x) = -\lambda \mathrm{sign}(s) \tag{3.20}$$

其中, $\mathrm{sign}(s)$ 以逐点的方式表示 s 的符号, 且 $\mathrm{sign}(0) = 0$. 式 (3.20) 两端分别对 D 求导得

$$\frac{\partial s_\Lambda}{\partial D} = \left(D_\Lambda^{\mathrm{T}} D_\Lambda \right)^{-1} \left(\frac{\partial D_\Lambda^{\mathrm{T}} x}{\partial D} - \frac{\partial D_\Lambda^{\mathrm{T}} D_\Lambda}{\partial D} \right) \tag{3.21}$$

其中, Λ 表示 s 的非零编码索引集, 令 $\bar{\Lambda}$ 表示零编码的索引集. 为每个 s 引入一个辅助变量 z 来简化式 (3.19):

$$z_{\bar{\Lambda}} = 0, \quad z_{\Lambda} = \left(D_{\Lambda}^{\mathrm{T}} D_{\Lambda}\right)^{-1} \frac{\partial l^n}{\partial s_{\Lambda}} \tag{3.22}$$

其中, $\partial l^n / \partial s_{\Lambda} = (y_i - \hat{y}_i) w_{\Lambda}$, 令 $Z = [z_1, z_2, \cdots, z_m]$, 至此得到目标损失函数 (3.13) 中字典 D 的梯度为

$$g(D) = \frac{\partial l^n}{\partial D} = -DZ\left(S(X, D)\right)^{\mathrm{T}} + (X - DS(X, D)) Z^{\mathrm{T}} \tag{3.23}$$

此处, 同样采用 Adam 算法进行字典的求解, 求解过程与 3.3.2 节相同.

3.4　算法实现

3.4.1　几何特征表示与提取

本章所用特征有高斯曲率、方向梯度直方图、梯度幅值、平均曲率、形状指数、曲度和表面法向量. 其中方向梯度直方图为 4 维特征向量, 表面法向量为 3 维特征向量, 其他特征均为 1 维向量. 将这些特征进行归一化后组合, 得到表征某图像块的工具功用性部件的 12 维特征向量. 上述特征均在家庭日常工具 1/4 下采样的深度图上计算得到, 并经由稀疏编码后作为表征某工具功用性部件的特征向量.

此外, 考虑到方向梯度直方图、梯度幅值、平均曲率、形状指数和曲度在功用性部件边缘快速检测时的重要作用, 借鉴文献 [12] 中的功用性部件边缘表示方法, 并将这些特征用 SRF 进行组织和功用性部件边缘建模, 受篇幅所限, 具体算法不再赘述.

3.4.2　基于联合学习的模型构建算法

在对 CRF 和稀疏编码耦合分析与求解基础上, 采用联合学习的方法分别对每类功用性部件构建模型, 该模型包括最宜于表征该功用性部件的字典原子及 CRF 权重向量. 下面给出模型构建的完整算法.

算法 3.1　基于联合学习的模型构建算法

输入　　χ (训练图像集); ψ (真实标签集); $D^{(0)}$ (初始字典); $w^{(0)}$ (初始 CRF 权重); λ (在式 (3.1) 中); T (循环次数); γ (在式 (3.13) 中); ρ_0 (初始学习率).

输出　　$\hat{D}$ 和 $\hat{w}$.

for $t = 1, \cdots, T$ do

　　/* 依次训练样本集合 (χ, ψ)*/

for $n = 1, \cdots, N$ do   /*N 为 χ 中深度图像的数量 */

  通过式 (3.1) 评估潜变量 $s(x_i, D)$, $\forall i \in V$;

  通过式 (3.12) 解出最违反标签 $\hat{Y}^{(n)}$;

  采用 Adam 算法通过式 (3.18) 更新 CRF 权重 $w^{(t)}$;

  为 $s(x_i, D)$ 找到有效集 Λ_i, $\forall i \in V$;

  通过式 (3.22) 计算辅助变量 z_i;

  采用 Adam 算法更新字典 $D^{(t)}$;

  通过式 (3.8) 在 Ω 上对 $D^{(t)}$ 进行正则化;

 end for

end for

$\hat{D} \leftarrow D^{(t)}$, $\hat{w} \leftarrow w^{(t)}$

3.4.3 功用性部件在线检测算法

  通过前面的离线建模阶段, 得到了最具判别性的特征字典和 CRF 权重向量. 在线检测过程中, 利用工具部件功用性边缘检测器计算功用性的外接矩形区域, 在此区域内以特征稀疏表示作为图像节点信息, 在联合 CRF 图模型与稀疏编码的基础上利用置信度传播算法完成图像的语义分割, 至此得到每个图像块属于目标的概率, 进而产生目标功用性概率图 $U = \{u_1, u_2, \cdots, u_m\}$, 其中, 概率大于某一阈值的区域即为目标区域, 反之则为背景区域.

3.5 实 验

3.5.1 实验数据集

  本章为了定位和识别家庭日常工具的部件功用性, 使用文献 [13] 中的数据集. 数据集中包括 17 类厨房、园艺和工作间共 105 种家庭日常工具的 RGB-D 信息, 涵盖抓取 (grasp), 切割 (cut), 舀 (scoop), 盛 (contain), 敲 (pound), 支撑 (support), 握取 (wrap-grasp) 共 7 种功用性. 图 3.2 给出了 RGB-D 数据集中部分对象, 图 3.3

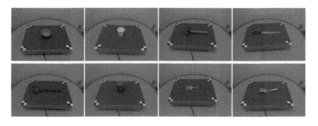

图 3.2 RGB-D 数据集中部分对象 (后附彩图)

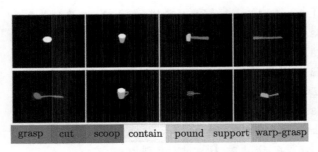

图 3.3　示例工具所具有的功用性部件 (后附彩图)

给出了示例工具所具有的功用性部件, 可以直观地看出, 每类工具都可视为若干功用性部件的集合, 而同一功用性部件则可能出现在不同工具中.

　　针对某种功用性部件, 在数据集中选取包含该功用性部件的各类工具的不同角度深度图像以及已标记该功用性部件的二值标签文件作为训练样本. 从功用性角度出发, 图 3.4 直观地给出了包含功用性 contain 的工具及对应目标功用性区域的真实值图.

图 3.4　包含功用性 contain 的工具及对应目标功用性区域的真实值图 (后附彩图)

3.5.2　实验条件

　　在本章中对图像样本提取 12 维几何特征, 即 3.4.1 节中所述. 训练过程中从训练集收集到所有块的几何特征, 并使用 K 均值算法初始化字典 $D^{(0)}$. 基于字典建模稀疏表示并将稀疏表示作为潜变量与其对应标签进行训练得到一个线性 SVM, 利用此 SVM 初始化 CRF 节点能量权重 $w_1^{(0)}$, 并将成对的能量权重 $w_2^{(0)}$ 设置为 1. 所有模型训练 3 个周期, 训练而得的模型包含最具代表性的相应功用性字典与 CRF 权重向量. 利用此模型进行部件功用性检测和定位, 产生目标功用性存在的概率图, 将概率值大于等于 0.5 的图像块认定为目标块, 将概率值小于 0.5 的块认定为背景块. 本章算法在配有 Windows 7 操作系统, 4 核 3.20GHz CPU 的设备下运行.

3.5.3　实验结果分析

　　本章依次构建前面提到的四种部件功用性中的 contain, scoop, support 与

wrap-grasp 检测模型. 仅使用文献 [1] 的稀疏编码并分别采用 SIFT 特征和深度特征得到的检测结果如图 3.5(c) 和 (d) 所示, 使用文献 [2] 的联合学习方法并分别采用 SIFT 特征和深度特征得到的检测结果如图 3.5(e) 和 (f) 所示, 采用深度特征并使用文献 [13] 方法和文献 [12] 方法得到的检测结果如图 3.5(g) 和 (h) 所示, 使用本章方法的检测结果如图 3.5(i) 所示. 通过对比可以直观看出, 相较于 SIFT 特征, 深度特征能够更加有效地表征工具的功用性部件, 且相较于仅采用稀疏编码方法、SRF 方法以及传统的 CRF 与稀疏编码结合的方法, 本章通过对多类深度特征进行稀疏编码, 同时采用 CRF 表征特征空间关系, 使得检测效果获得了不同程度的提升.

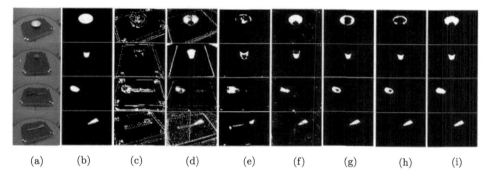

(a) 　 (b) 　 (c) 　 (d) 　 (e) 　 (f) 　 (g) 　 (h) 　 (i)

图 3.5　(a) 为单一场景下的待检测工具图, 由上到下分别为碗 (bowl)、杯子 (cup)、勺子 (ladle)、铲子(turner); (b) 为待检测目标功用性部件的真实值图, 由上到下分别为 contain, wrap-grasp, scoop, support; (c) 为 SIFT ＋文献 [1] 方法检测结果; (d) 为深度特征＋文献 [1] 方法检测结果; (e) 为 SIFT ＋文献 [2] 方法检测结果; (f) 为深度特征＋文献 [2] 方法检测结果; (g) 为深度特征＋文献 [13] 方法检测结果; (h) 为深度特征＋文献 [12] 方法检测结果; (i) 为本章方法检测结果 (后附彩图)

　　为了进一步定量评定本章方法的性能, 图 3.6 给出了采用不同特征及不同方法所得到的精度–召回率曲线. 可以看出, 采用 SIFT 特征表征功用性部件时, 其精度和召回率普遍低于采用深度特征表征功用性部件. 本章算法采用深度特征及性能更优的 Adam 优化算法, 对四种功用性部件的检测效果普遍都较好, 总体性能优于现有方法.

　　为了评判不同算法的效率, 表 3.1 给出了本章方法与其他已有方法的用时对比. 实验过程中, 文献 [13] 方法需先将深度数据做较为费时的平滑预处理, 再提取深度特征并交由训练好的 SRF 模型进行功用性判别; 文献 [12] 中采用功用性部件边缘检测器快速定位目标区域, 有效提升了检测效率; 文献 [1] 和 [2] 方法本用于处理 SIFT 特征和显著性检测, 但针对功用性部件建模深度特征较 SIFT 特征更具优势, 在深度图像中多类深度特征的提取速度稍慢于在 RGB 图像中 SIFT 特征的提取速度. 本章从深度图像中提取多类深度特征, 采用功用性部件边缘检测器快速定位目标区域, 加之采用能够快速收敛的 Adam 算法, 因此取得了较为理想的检测效率.

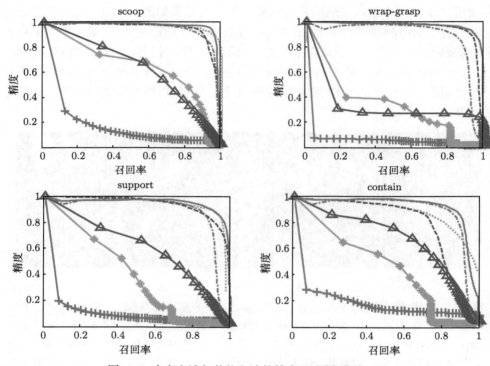

图 3.6　本章方法与其他方法的精度–召回率曲线对比

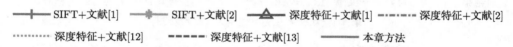

表 3.1　本章方法与其他方法的效率对比

功用性	检测用时/s						
	SIFT + 文献 [1]	SIFT + 文献 [2]	深度特征 +文献 [1]	深度特征 +文献 [2]	深度特征 +文献 [12]	深度特征 +文献 [13]	本章方法
contain	6.46	8.00	9.41	10.95	1.25	16.29	1.13
scoop	6.09	7.09	8.60	10.67	1.18	16.34	1.33
support	5.94	6.93	10.40	10.98	1.53	16.28	1.56
wrap-grasp	5.93	6.99	10.65	11.73	1.27	15.52	1.24

此外, 需要说明的是, 深度学习方法已被用于功用性部件的学习和检测, 并取得了与本章方法相当的识别准确率, 但该类方法的运行均需 GPU 支持, 如文献

[14] 的 CNN 方法运行于 NVIDIA Tesla K20 GPU 环境下, 文献 [15] 的 CNN 方法运行于 NVIDIA Titan X GPU 环境下, 两者的识别速度均达到毫秒级, 但在普通配置的 CPU 上无法运行. 文献 [16] 的稀疏自编码器 (sparse auto-encoder, SAE) 方法虽可运行于 CPU 环境, 但算法运行耗时较长 (如部件功用性 grasp 的检测用时几十分钟), 无法满足服务机器人任务的实时性要求.

3.6　本 章 小 结

机器人与人的共融, 将成为下一代机器人的本质特征. 事实上, 功用性语义频繁出现在人们的日常思维和交互中, 功用性认知也已成为人机和谐共融的必然要求. 本章利用工具的多类深度特征, 结合稀疏编码与 CRF 优势训练家庭日常工具功用性部件的检测模型, 通过与利用 SIFT 特征表示图像信息和传统联合 CRF 与稀疏编码训练模型的算法进行比较, 由精度–召回率曲线可知本章模型对工具部件的目标功用性检测效果良好, 为机器人工具功能认知及后续人机共融和自然交互奠定了基础.

参 考 文 献

[1] Bao C L, Ji H, Quan Y H, et al. Dictionary learning for sparse coding: Algorithms and convergence analysis[J]. IEEE Transactions on Pattern Analysis and Machine Intelligence, 2016, 38(7): 1356-1369.

[2] Yang J M, Yang M H. Top-down visual saliency via joint CRF and dictionary learning[J]. IEEE Transactions on Pattern Analysis and Machine Intelligence, 2017, 39(3): 576-588.

[3] 吴培良, 隰晓珺, 杨霄, 等. 一种基于联合学习的家庭日常工具功用性部件检测算法[J]. 自动化学报, 2018, DOI: 10.16383/j.aas.c170423.

[4] Liu T, Huang X, Ma J. Conditional random fields for image labeling[J]. Mathematical Problems in Engineering, 2016, (6): 1-15.

[5] Lv P, Zhong Y, Zhao J, et al. Change detection based on a multifeature probabilistic ensemble conditional random field model for high spatial resolution remote sensing imagery[J]. IEEE Geoscience & Remote Sensing Letters, 2016, 13(12): 1965-1969.

[6] 吴培良, 刘海东, 孔令富. 一种基于丰富视觉信息学习的 3D 场景物体标注算法[J]. 小型微型计算机系统, 2017, 38(1): 154-159.

[7] Wang Z, Zhu S, Li Y, et al. Convolutional neural network based deep conditional random fields for stereo matching[J]. Journal of Visual Communication & Image Representation, 2016, 40: 739-750.

[8] Szummer M, Kohli P, Hoiem D. Learning CRFs using graph cuts[C]. Proceedings of European Conference on Computer Vision, 2008, 5303: 582-595.

[9]　Kolmogorov V, Zabih R. What energy functions can be minimized via graph cuts?[J]. IEEE Transactions on Pattern Analysis & Machine Intelligence, 2004, 26(2): 147-159.

[10]　Kingma D P, Ba J. Adam: A method for stochastic optimization[C]. Proceedings of 3rd International Conference for Learning Representations, San Diego, 2015, arXiv: 1412.6980.

[11]　Mairal J, Bach F, Ponce J. Task-driven dictionary learning[J]. IEEE Transactions on Pattern Analysis & Machine Intelligence, 2012, 32(4): 791-804.

[12]　吴培良, 付卫兴, 孔令富. 一种基于结构随机森林的家庭日常工具部件功用性快速检测算法[J]. 光学学报, 2017, (2): 155-165.

[13]　Myers A, Teo C L, Fermuller C, et al. Affordance detection of tool parts from geometric features[C]. Proceedings of IEEE Conference on Robotics and Automation, Washington, USA, 2015: 1374-1381.

[14]　Redmon J, Angelova A. Real-time grasp detection using convolutional neural networks[C]. Proceedings of IEEE International Conference on Robotics and Automation, 2015:26-30.

[15]　Nguyen A, Kanoulas D, Caldwell D G, et al. Detecting object affordances with convolutional neural networks[C]. Proceedings of IEEE/RSG International Conference on Intelligent Robots and Systems. IEEE, 2016: 2765-2770.

[16]　Lenz I, Lee H, Saxena A. Deep learning for detecting robotic grasps[J]. International Journal of Robotics Research, 2015, 34(4-5): 705-724.

第4章 基于特征优选和部件组合的家庭日常工具分类

词袋 (bag of words, BOW) 模型因其实用性和高效性而被广泛地应用于图像检索、场景分类、人体行为分类等视觉领域. 从功能角度而言, 工具均由不同的功用性部件有机构成, 且不同的功用性部件又可由特定表观特征组合表示, 故本章针对家庭服务机器人日常工具功用性认知问题, 拟提出"特征—部件—工具"的自底向上认知架构. 在此基础上, 本章采用改进的 Relief 算法选择功用性部件的最优特征表示, 并采用 BOW 构建工具的功用性部件联合表示模型, 继而从工具的功能出发探讨工具识别分类的问题.

4.1 系 统 框 架

本章提出的家庭日常工具功能认知和分类方法研究分为最优特征组合选择、工具整体离线建模和在线检测分类三个阶段, 具体流程图如图 4.1 所示.

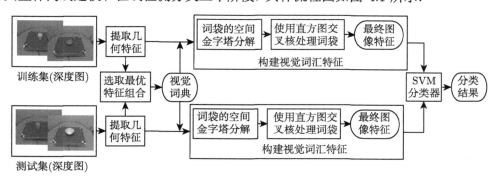

图 4.1 基于词袋特征的家庭日常工具分类的整体流程图

最优特征组合选择阶段: 本章在工具深度图上计算工具的方向梯度直方图、梯度幅值、平均曲率、形状指数和曲度[1] 5 种特征, 通过 5 种特征的有机组合来表示各功用性部件. 借鉴文献 [2] 中功用性定义方法, 本章将工具定义为 7 种功用性 (包含抓取 (grasp)、切割 (cut)、舀 (scoop)、盛 (contain)、敲 (pound)、支撑 (support)、握抓 (wrap-grasp)) 部件的特定组合. 通过选取功用性部件的最优特征表示, 得到每种工具的最佳描述特征矩阵, 在保证识别精度的同时减少冗余特征提高分类速度.

工具整体离线建模阶段：首先，在功用性部件的基础上构建工具的整体特征表示模型；然后，将特征矩阵聚类生成视觉词典，利用得到的视觉词典通过 BOW 模型配置生成高层语义空间的视觉词典直方图；最后，采用 SVM 算法训练得到工具分类模型.

在线检测分类阶段：根据待检测工具的深度图像信息计算相应功用性部件的特征矩阵，同样在功用性部件的基础上构建工具的整体特征表示模型，运用 BOW 模型将测试样本用训练得到的字典 D 进行表示，之后送入离线建模阶段得到的分类模型，根据距离最小准则判别工具的种类，并返回相应的判别准确率和分类混淆矩阵.

4.2　特征描述与最优组合选取

4.2.1　特征描述

考虑到在不同的视角下家庭日常工具的几何特征会发生变化，所以为了确保特征的有效性，数据采集及特征提取应考虑到角度变化的鲁棒性. 借鉴文献 [2] 的思想，利用几何特征提取算法从图像多通道中提取特征后进行特征融合，并且每个特征通道分别在图像原有尺度及其 1/2 尺度上各取一次得到. 从 $\alpha \times \alpha$ 大小 (大小可以自定义) 的局部特征块提取的特征矢量为：$x \in \mathbf{R}^{\alpha \times \alpha \times \partial \times 2}$，其中 ∂ 为某尺度下表征某功用性部件的特征通道数.

本章从工具深度图像信息中获取几何特征，特征数据为 5 种特征的有机组合. 其中，方向梯度直方图和梯度幅值表示的是物体的边缘结构特征，用于描述物体的局部形状信息、位置和方向空间的量化，一定程度上可以抑制因物体发生视角的平移和旋转所带来的影响，同时采取在局部区域归一化直方图，可以部分抵消光照变化带来的影响. 令 I_x 和 I_y 分别代表水平和垂直方向上的梯度值，则 $M(x, y) = \sqrt{I_x^2 + I_y^2}$ 即为梯度幅值，$\theta(x, y) = \arctan(I_y / I_x)$ 即为梯度方向，将 $\theta(x, y)$ 分割成若干组 (bin)，即形成了方向梯度. 平均曲率为微分几何中反映曲面在不同方向上的弯曲程度的内蕴几何量，记为 f_{MC}. 在曲面的每点，一般存在两个互相垂直的切方向，使得它们对应的法曲率 k_1 和 k_2 是该点所有法曲率中的最大和最小值，这两个方向称为曲面在该点的主方向，而 k_1 和 k_2 称为主曲率. 平均曲率为主曲率的平均值，则可表示为 $f_{\mathrm{MC}} = (k_1 + k_2)/2$. 形状指数 (SI) 和曲度 (CV) 表征物体表面在不同方向的弯曲，体现人对形状的感知[3]，其计算依据仍然来源于主曲率，详见式 (1.1).

基于以上分析可知，5 种特征之间既互补又存在冗余. 如果将 5 种特征进行简单叠加，不仅会降低运算效率，而且往往难以保证其为最优特征组合. 而人为地选择其中几种特征加以组合又存在过于依赖经验的弊端, 故本章首先进行最优特征组合选取的研究.

4.2.2 ReliefF 最优特征组合选取

本章把 5 种特征作为描述 7 种功用性部件的候选特征, 如表 4.1 所示.

表 4.1 本章中每个样本的特征维度

几何特征/维度	图像大小	图像块大小	图像块数	特征维度
方向梯度直方图 HOG/4D				$16 \times 16 \times 800 \times 4$
梯度幅值 GM/1D				$16 \times 16 \times 800 \times 1$
平均曲率 MC/1D	640×320	16×16	800	$16 \times 16 \times 800 \times 1$
形状指数 SI/1D				$16 \times 16 \times 800 \times 1$
曲度 CV/1D				$16 \times 16 \times 800 \times 1$

从表 4.1 数据可以看出, 每个样本在选取一种特征的情况下, 特征维度已达到上万维, 使得计算复杂低效且影响分类准确率. 针对该问题, 本章借鉴 ReliefF 算法 (改进的 Relief 算法) 特征优选的思想, 计算单个特征或不同特征组合的有效性权重, 选取权重最高的特征或特征组合用以描述该功用性部件. 具体算法如下:

输入 7 种功用性部件的 5 种特征数据, 样本的抽样个数 m, 权重计算次数 N;

输出 7 种工具部件的特征组合的有效性权重幅值;

步骤 1 将特征权重集合 W 置 0;

步骤 2 将 5 种特征值进行随机组合, 存在

$$C_5^1 + C_5^2 + C_5^3 + C_5^4 + C_5^5$$

共 31 种情况, 每种情况视作一种特征属性, 将 31 种属性划分为 5 种数据集合记为 F_1, F_2, F_3, F_4, F_5, 分别对应上式的抽样情况;

步骤 3 首先, 从数据集合 F_i $(i = 1, 2, \cdots, 5)$ 中随机选择一个样本记为 R, 并确定样本 R 的类别, 然后, 选取与 R 同一类别并且距离最近的 k 个样本, 记为集合 H, 最后, 在与 R 不同类的样本集中寻找出 k 个最近邻样本, 记为集合 M, 得到 $2k$ 个样本集合;

步骤 4 分别计算 R 与集合 H 和集合 M 中所包含样本在同一特征空间上的距离, 分别记为 d_H 和 d_M, 若 $d_H < d_M$, 说明该特征对区分同类和不同类的最近邻是有益的, 则增加该特征属性的权重, 反之降低该特征属性的权重, 如公式 (4.1) 所示:

$$w(A) = w(A) - \sum_{j=1}^{k} \text{diff}(A, R, H_j) / (mk)$$

$$+ \sum_{C \in \text{class}(R)} \left[\frac{p(C)}{1 - p(\text{class}(R))} \sum_{j=1}^{k} \text{diff}(A, R, M_j(C)) \right] \bigg/ (mk) \quad (4.1)$$

式中, A 为单一特征属性的值, C 为某一非同类样本的集合, w 为权重大小幅值, $M_j(C)$ 表示类 C 中第 j 个最近邻样本, m 表示样本的抽样次数;

步骤 5　重复以上过程 m 次, 最后得到各特征属性的平均权重. 特征的权重越大, 表示该特征的分类能力越强, 反之, 表示该特征分类能力越弱;

步骤 6　把特征权重添加到特征组合权重矩阵 W 中;

步骤 7　分别选取 7 种功用性部件的最优描述矩阵.

4.3　基于 BOW 的服务机器人家庭日常工具分类模型构建

本章从功能用途角度出发探讨工具分类问题, 通过功用性部件的有机组合表示特定工具, 并依据不同种类工具之间的功能差别进行分类. 基于前面选出的最优特征组合, 得到 7 种功用性部件的最佳特征描述矩阵, 进而得到工具整体的最优表示特征模型. 基于工具图像的分类, 即便是同一种工具也会存在很多差异, 例如尺寸大小、光照变化、角度旋转等, 即存在类内变化大的问题. 针对此类问题, 本章提出基于 BOW 算法构建工具整体分类模型的研究方法, 即在底层特征的基础上构建工具的高层语义标签, 离线训练工具的基于高层语义空间分类模型用于在线分类检测. 基于 BOW 算法的工具整体模型构建过程如图 4.2 所示.

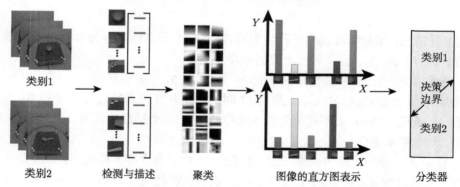

图 4.2　基于 BOW 模型的家庭日常工具分类构架 (后附彩图)

相比之前采用的基于底层特征的处理方法[4], BOW 模型用于工具分类, 是基于图像块进行视觉词汇表示的, 以图像块为单位构建工具高层语义标签的方法, 在降低计算量、扩大推广和集成上下文信息等方面均有明显的优势.

4.3.1 模型离线构建

4.3.1.1 构建视觉词典

在 BOW 模型中, 构建视觉词典是重要前提, 而如何获取有效的视觉单词又是构建字典的关键. K 均值作为一种基于数据划分的无监督学习算法, 无须先验标签, 符合本章实现家庭服务机器人自主识别工具的任务要求, 故本章运用 K 均值算法构建视觉词典. 具体算法描述如下:

输入 特征提取阶段计算得到的特征数据集合 C;

输出 视觉词典 D;

步骤 1 设定聚类中心的个数 k 的值为 300, 在集合 C 中随机选取 300 个样本初始化聚类中心, 记为 $c_1^{(0)}, c_2^{(0)}, c_3^{(0)}, \cdots, c_{300}^{(0)}$;

步骤 2 依据公式 (4.2), 初步分配各类样本到最近的聚类集合, 式中 p 和 j 分别代表数据集合 C 中样本的第 p 和 j 个样本;

$$S_i^{(t)} = \left\{ x_j \left| \left\| x_j - c_i^{(t)} \right\|_2^2 \leqslant \left\| x_j - c_p^{(t)} \right\|_2^2 \right. \right\} \quad (i = 1, 2, \cdots, 300, p \neq j) \tag{4.2}$$

步骤 3 根据步骤 2 的分类结果, 更新聚类中心, 计算公式如下:

$$c_i^{(t+1)} = \frac{1}{\left| s_i^{(t)} \right|} \sum_{x_j \in s_i^{(t)}} x_j \tag{4.3}$$

步骤 4 若迭代次数达到预设界限, 或者前后两次迭代的差小于设定阈值 ε, 即 $\left\| c_i^{(t+1)} - c_i^{(t)} \right\|_2^2 < \varepsilon$, 则算法结束; 否则重复步骤 2, 最终输出词典 D.

4.3.1.2 构建工具高层语义标签

视觉词典表示使得特征之间更具关联性和区分性, 但仍然是像素级单位的处理方法. 本章借鉴 BOW 模型分类的思想, 将一幅工具图像抽离成特定视觉词汇的集合, 进而在视觉词典的基础上构建工具特征的高层功用性语义标签, 具体处理过程描述如下:

输入 聚类生成的词典 D;

输出 图像基于视觉词典的直方图表示;

步骤 1 将工具图像划分成 16×16 的图像块, 以图像块为单位进行特征编码. 本章使用的特征编码方法为 Gemert 提出的软量化编码方案[5], 得到工具的更加精准表示, 公式如下:

$$u_{ij} = \frac{\exp(-\beta \|x_i - b_j\|^2)}{\sum_{k=1}^{n} \exp(-\beta \|x_i - b_k\|^2)} \tag{4.4}$$

步骤 2　　对编码后的图像特征进行汇总, 统计图像块中每类视觉单词出现的频次. 本章采用的是平均值汇总, 通过统计编码系数每个维度出现的平均频率来反映工具的整体特征分布情况;

步骤 3　　将汇总后的数据进行直方图统计, 得到图像基于视觉词典的直方图表示.

4.3.1.3　词袋优化

利用 BOW 模型算法得到的图像直方图表示, 是一种基于视觉词汇的无序表示方法, 且视觉词汇的数量是可变的, 直方图交叉核针对此类情况具有更好的鲁棒性. 直方图交叉核的核心思想是将特征集映射到多分辨率超平面, 即将 BOW 模型得到的单分辨率直方图转化成多层次的直方图, 丰富了词袋的信息量, 提高了特征判别性. 计算过程如下所述.

假设图像或由图像得到的特征数据可以构成直方图, 根据直方图间距的不同得到多种类型直方图如下:

$$\Psi(y) = [H_0(y), H_1(y), \cdots, H_L(y)] \tag{4.5}$$

直方图交叉核算法对两个数据集合的相似度度量函数如下:

$$K_\Delta(\Psi(y), \Psi(z)) = \sum_{i=0}^{L} w_i N_i \tag{4.6}$$

$$N_i = K_{\mathrm{HI}}(H_i(y), H_i(z)) - K_{\mathrm{HI}}(H_{i-1}(y), H_{i-1}(z)) \tag{4.7}$$

本章中权重用 w 表示, 其值为 $1/2^i$, N 代表每两个直方图间距之间新匹配的特征数目.

直方图交叉核的计算公式如下:

$$K_{\mathrm{HI}}(H_i(y), H_i(z)) = \sum_{j=1}^{r} \min(H_{ij}(y), H_{ij}(z)) \tag{4.8}$$

其中, $H_i(y)$ 和 $H_i(z)$ 代表数据 y, z 的同一间距的某个直方图, $H_{ij}(y)$ 和 $H_{ij}(z)$ 是直方图中的某个 bin, r 表示该直方图中 bin 的个数, 对两个直方图中每个 bin 中数据求最小值, 组成该间距下新的直方图. 将数据集 $\Psi(y)$ 和 $\Psi(z)$ 中所有直方图都进行直方图交叉核, 形成 $L+1$ 个新直方图集合 A. 对这些直方图求每两个间距之间新匹配数据数目, 形成 $L-1$ 个直方图集合 B, 对 B 中直方图加权求和, 求得两个数据集合的相似度.

4.3.1.4　工具分类

Li[6] 的研究表明, 对于 BOW 模型的分类, SVM 在线性核下可取得较好的结果, 故本章运用线性 SVM 算法构建工具分类模型.

给定 n 个输入样本, 记为 $x_1, x_2, x_3, \cdots, x_n$, 选取该类工具的数据样本为正样本, 背景及其余种类的工具数据为负样本, 为每类工具训练分类器. 首先, 找到一个分类超平面, 其计算公式为: $w^{\mathrm{T}}x - b = 0$, 其中, x 为分类超平面上的点; w 为垂直于分类超平面的向量; b 为位移量, 用于改善分类超平面的灵活性, 超平面不用必须通过原点. 然后, 在工具训练正样本中寻找支撑向量, 计算距离支撑向量最近的平行平面表示如下:

$$\begin{cases} w^{\mathrm{T}}x - b = 1 \\ w^{\mathrm{T}}x - b = -1 \end{cases} \tag{4.9}$$

最后为了确保所有的训练数据样本在平行平面划分的区域外, 在满足约束条件的情况下得到最终的分类函数: $f(x) = \mathrm{sign}\left(w^{\mathrm{T}} + b\right)$.

本章将 SVM 用于通过直方图交叉核优化后的 BOW 模型, 所以这里的特征向量为图像关键点描述子在词典各聚类中心出现的次数的直方图. 我们将 SVM 用于多类工具的分类模型训练, 利用每一类的训练样本训练 SVM 分类器模型, 然后将新的工具图片作为分类器的输入, 将最大分类器的输出作为其所属类别.

4.3.2 在线分类检测

在离线建模阶段得到了基于 BOW 模型的工具整体表示模型, 在线检测阶段通过分类判别检测模型的有效性, 具体过程描述如下:

输入 待分类的 7 种工具的深度图及其对应的功用性部件标记;

输出 工具分类准确率;

步骤 1 在训练集中的深度图上计算各像素点的各个通道特征, 以 8×8 大小的图像块为单位, 在各个特征通道采用滑动窗口机制随机采取一定数量的特征块加入特征集;

步骤 2 提取工具的标签, 工具的标签由 0 到 7 的十进制整数构成, 每个数字与不同的功用性部件相对应, 其中 0 代表背景, 1 代表 grasp, 2 代表 cut, 3 代表 scoop, 4 代表 contain, 5 代表 pound, 6 代表 support, 7 代表 wrap-grasp;

步骤 3 检测提取的标签由哪几种功用性部件组成, 以步骤 1 的方法分别计算每一个部件的特征, 然后将所有部件的特征数据进行串联作为此类工具的特征;

步骤 4 将测试集中所有待分类的工具特征矩阵利用离线阶段构建的模型表示, 得到工具整体的基于功用性部件和 BOW 模型的特征表示;

步骤 5 在以上得到的工具表示的基础上, 输入到分类器分类检测, 输出结果.

4.4 实　　验

4.4.1　实验数据集

本章实验选用文献 [7] 中所采用的 UMD Part Affordance 数据集，该数据集包含的工具图像数据完整、功用性部件标记清晰、种类丰富，其收集了包含厨房、园艺等共 17 大类家庭日常工具：铲子 (turner)、泥刀 (trowel)、铁锤 (tenderizer)、汤匙 (spoon)、铁锹 (shovel)、大剪刀 (shear)、铲斗 (scoop)、剪刀 (scissors)、锯子 (saw)、陶罐 (pot)、马克杯 (mug)、木槌 (mallet)、勺子 (ladle)、锤子 (hammer)、杯子 (cup)、碗 (bowl)、刀 (knife) 的颜色信息和深度信息数据，每一大类中又包含多种颜色和形状各异的同类工具，每种工具在近 300 个旋转视角下进行采集，产生了超过 30000 组的彩色和深度数据，其中约 1/3 的工具都进行了部件功用性的清晰标记，是目前研究家庭日常工具功能认知和分类识别的理想数据集. 本章实验中，选用数据集中的 7 类工具分别为：scoop, shovel, mug, hammer, knife, cup 和 bowl 组成训练集跟测试集，根据选取的最优特征组合描述工具功用性部件，并基于 BOW 算法构建工具整体模型，进而对工具进行识别分类. 图 4.3 列举了 7 种不同工具，即 bowl, hammer, shovel, scoop, cup, knife, mug，及其所涵盖的 grasp, cut, scoop, contain, pound, support 和 wrap-grasp 共 7 种功用性部件及功用性标记.

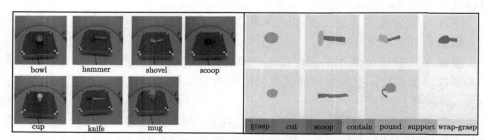

图 4.3　7 种工具示例及其包含的 7 种功用性部件及对应功用性标记 (后附彩图)

UMD Part Affordance 数据集包含的 17 种工具中，有多种工具在功能上是相同的，只是在颜色、形状大小或者名称属性上存在差异，具有同种功能属性的工具忽略其外在形状和颜色差异而归为一类.

4.4.2　实验结果及分析

实验一　特征优化组合验证实验.

本章首先对工具分别计算 5 种特征值，并且基于单类特征属性做了工具分类测试，从表 4.2 可以看出基于特征方向梯度直方图的工具分类准确率最高，从图 4.4(a)

中可以直观地看出通过 ReliefF 算法得到的最高权重为特征属性 2 (方向梯度直方图特征)，与分类准确率存在一一对应的关系，说明特征属性权重的判断对分类准确率存在一定的影响，采取相同的方法依次对不同特征组合的情况计算特征属性权重，如图 4.4(b)~(d) 所示，得到对应的组内权重最高的特征组合，其属性标号分别为属性 7 (HOG+CV)、属性 3 (GM+HOG+CV)、属性 2 (GM+HOG+CV+MC)，组内最优组合对应的分类准确率如表 4.3 所示. 以分类准确率作为评估方法，本章选取的最优特征组合为特征方向梯度直方图和曲度的组合，基于此特征组合本章开展了对工具分类的研究.

表 4.2　单类特征的工具分类准确率

特征属性	梯度幅值 (GM)	方向梯度直方图 (HOG)	平均曲率 (MC)	形状指数 (SI)	曲度 (CV)
分类准确率/%	73.75	78.75	31.25	66.25	73.13

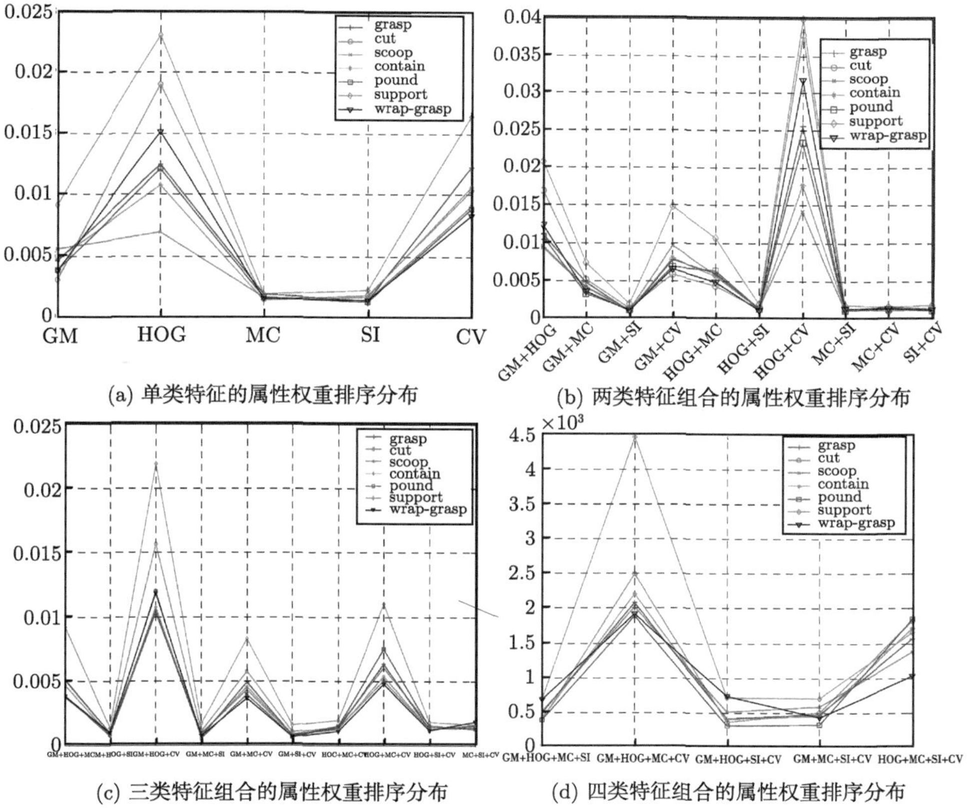

(a) 单类特征的属性权重排序分布

(b) 两类特征组合的属性权重排序分布

(c) 三类特征组合的属性权重排序分布

(d) 四类特征组合的属性权重排序分布

图 4.4　特征组合情况下的特征属性权重排序分布 (后附彩图)

表 4.3　组内最优特征组合及分类准确率

特征属性	单类特征	两类特征组合	三类特征组合	四类特征组合	五类特征组合
	HOG	HOG+CV	GM+HOG+CV	GM+HOG+MC+CV	GM+HOG+MC+CV+SI
分类准确率/%	78.75	90.71	88.13	85.75	71.43

表 4.4 给出了在使用 ReliefF 算法选出最优特征组合后的分类准确率以及在不选取特征组合使用 PCA 降维后的分类准确率, 从数据可以明显看出本章方法更具有效性. 对比而言, 使用 ReliefF 算法的最终表现形式为降维, 但是并不同于 PCA 的降维思想. PCA 通过计算协方差矩阵实现在整体上降低特征矩阵的维度, 特征属性不会减少, 因此无法获取贡献较大的某种特征属性. 本章使用 ReliefF 算法主要用来选取出 5 种特征中贡献最大的一种或几种特征属性, 即最优特征组合, 同时也可以达到降维的目的.

表 4.4　ReliefF 与 PCA 两种处理方法的分类准确率

方法	ReliefF	PCA
分类准确率/%	90.71	62.14

实验二　BOW 工具功用性分类实验.

本章基于图 4.5 中所列举的 7 种工具, 利用基于 BOW 算法构建的工具整体模型进行实验. 在 UMD Part Affordance 数据集中每种工具随机选取 50 张不同角度下的深度图组成训练集, 20 张不同角度下的深度图组成测试集. 实验过程中, 对 7 种工具依次计算选取的最优组合特征, 利用 K 均值进行聚类, 聚类中心选取 300.

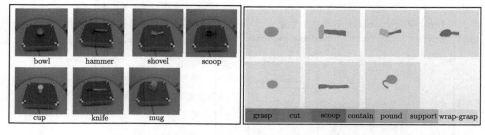

图 4.5　7 种工具示例及其包含的 7 种功用性部件及对应功用性标记 (后附彩图)

表 4.5 中给出了采用不同分类器和模型构建方法对工具分类三次实验中的分类准确率及平均运行时间, 表中可以看出本章方法构建的工具分类模型在保证运行效率的同时, 取得了较高的分类准确率. 图 4.6 所示的三次实验的工具分类混淆矩阵给出了每类工具的具体分类混淆情况, 可见, 本章方法满足了工具分类的要求.

表 4.5　工具分类准确率与效率对比分析

实验方法	分类准确率/%			平均运行时间/s
BOW rbf_svm	85.00	85.71	83.57	0.377
直方图交叉核 SVM(本章方法)	**91.43**	**90.71**	**94.29**	**0.133**
金字塔 BOW rbf_svm	72.14	75.00	75.00	1.306
金字塔 BOW 直方图交叉核 SVM	87.86	84.29	89.29	1.124
BOW AdaBoost	60.71	66.43	59.29	0.837

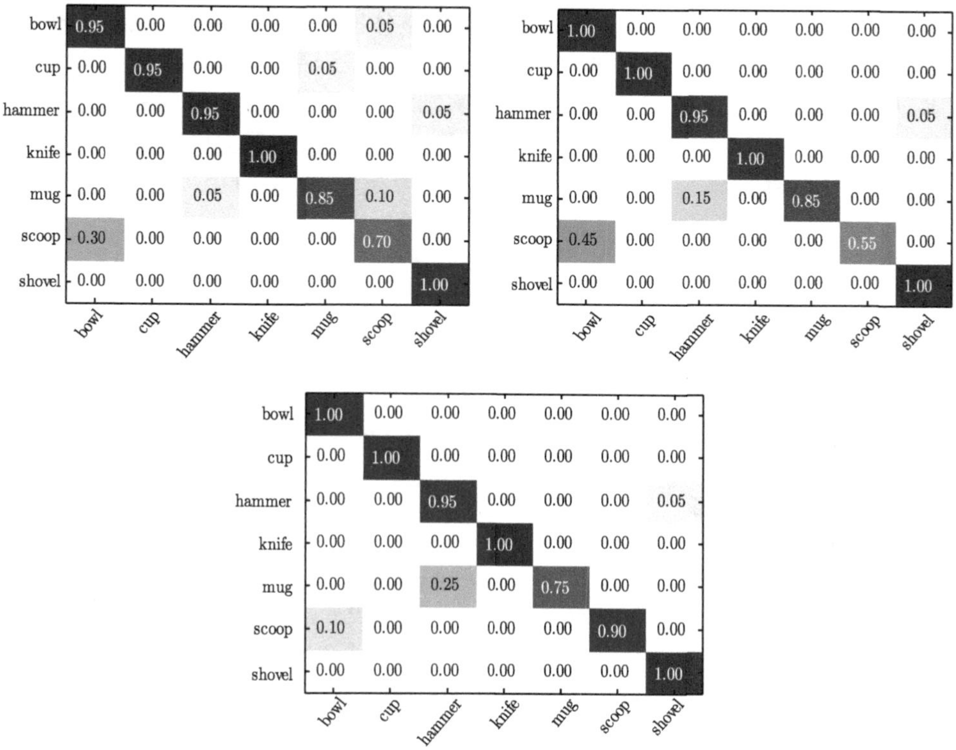

图 4.6　工具分类混淆矩阵

在文献 [8] 提出的改进 BOW 模型中，将 BOW 模型与空间金字塔相结合，在局部信息的基础上加入特征的空间位置信息，构建更高层的语义标签，并将此方法运用到遥感图像识别的研究，取得了理想的实验结果. 本章将此方法用于家庭日常工具分类问题中，并与本章方法进行了对比实验，表 4.5 中给出了利用文献 [8] 的改进 BOW 模型得到的 7 种工具类别的分类准确率，从表中可以看出，识别精度并没有优于经典 BOW 算法，究其原因在于当两组工具在外部形状上有很大的相似度时，利用金字塔构建的工具整体模型也会很相似，所以分类时很容易产生混淆，识别精度反而会降低. 所以, 本章采用了经典 BOW 算法, 这样既可以满足精度要求又可以提高运算速率.

4.5　本章小结

　　本章提出了一种基于功用性部件最优特征组合的家庭日常工具分类方法. 在理论与实验相结合的基础上得到了工具的最优特征组合表示, 并深入分析了各功用性部件的有效特征, 构建了更加有效的工具整体模型, 在此基础上获得了理想的分类准确率. 实验验证了本章方法对家庭日常工具表示和分类的有效性, 为机器人工具认知继而提供高效智能的服务奠定了基础. 本章对旋转、平移的变化处理还存在不足, 在接下来的工作中我们致力于探索一种基于深度图但同时又对尺度变化不敏感的特征提取算法, 从底层特征上改进分类模型, 提高分类准确率.

参 考 文 献

[1] Myers A, Teo C L, Fermuller C, et al. Affordance detection of tool parts from geometric features[C]. Proceedings of IEEE Conference on Robotics and Automation, Washington, USA, 2015: 1374-1381.

[2] 吴培良, 付卫兴, 孔令富. 一种基于结构随机森林的家庭日常工具部件功用性快速检测算法[J]. 光学学报, 2017, (2): 155-165.

[3] 吴培良, 何犇, 孔令富. 一种基于部件功用性语义组合的家庭日常工具分类方法[J]. 机器人, 2017, 39(6): 786-794.

[4] Ren Y. A comparative study of irregular pyramid matching in bag-of-bags of words model for image retrieval[J]. Signal Image & Video Processing, 2016, 10(3): 471-478.

[5] Gemert J C V, Veenman C J, Smeulders A W, et al. Visual word ambiguity[J]. IEEE Transactions on Pattern Analysis and Machine Intelligence, 2010, 32(7): 1271-1283.

[6] Li W S, Dong P, Xiao B, et al. Object recognition based on the region of interest and optimal bag of words model[J]. Neurocomputing, 2016, 172: 271-280.

[7] Joyce Miranda D S, Edleno Silva D M, Altigran Soares D S, et al. Color and texture applied to a signature-based bag of visual words method for image retrieval[J]. Multimedia Tools and Applications, 76(15): 16855-16872.

[8] Chen S Z, Tian Y L. Pyramid of spatial relatons for scene-level land use classification[J]. IEEE Transactions on Geoscience and Remote Sensing, 2015, 53(4): 1947-1957.

第5章　部件功用性语义组合的家庭日常工具分类

同一类工具可能外形各异、材质各异、颜色各异，但从本质上均可视为由若干主要功用性部件有机构成.本章借鉴人类的自底向上的认知方式，构建了工具各部件的边缘特征表示，并在高层语义空间构建部件功用性语义组合的工具表示与模型，继而从工具功能出发探讨了工具分类与工具间相似性判定问题.

5.1　系　统　框　架

本章提出的日常工具功用性分类方法分为离线建模和在线分类两个阶段.整体流程如图 5.1 所示.

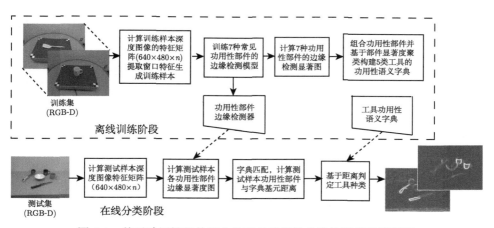

图 5.1　基于功用性部件组合的工具功用性分类检测整体流程图

离线建模阶段：首先，构建各功用性部件的边缘检测器；然后，利用功用性部件边缘检测器对训练数据集进行检测得到对应部件显著度图，联合各部件显著度图对各类工具进行功用性部件组合聚类，训练得到工具功用性语义字典.

在线分类阶段：根据待检测功用性及图像深度信息计算相应特征矩阵，利用工具部件功用性边缘检测器检测功用性区域，得到对应显著度图，计算测试样本各部件显著度直方图与工具功用性语义字典中各基元的距离，根据距离最小原则判断其类别.

5.2　模型离线构建

5.2.1　功用性部件边缘特征描述

本章以文献 [1] 中所列举的 7 种常见功用性部件作为研究对象, 不同的功用性部件具有不同的几何结构特性, 考虑到部件带状边缘蕴含着目标丰富的内在信息 (方向、幅度、形状等), 在确定目标功用性形态和位置时, 边缘特征的鲁棒性较好且可快速提取. 故选用边缘特征来描述功用性部件. 借鉴文献 [2] 从图像多通道提取特征的方式, 为了准确有效描述功用性部件带状边缘信息, 本章采用平均曲率、形状指数、曲度、方向梯度直方图、梯度幅值等特征[3], 且为了处理尺度变化情况, 每个特征分别在图像原始尺度和 1/2 原始尺度上各取 1 次计算得到. 从 16×16 大小的局部特征块提取的特征矢量为: $x \in \mathbf{R}^{16 \times 16 \times \alpha}$, 其中 α 为通道数, 即为表征某功用性所采用特征在 2 个尺度下维度之和, 其值与功用性类别有关, 表 5.1 中列出了为表征 7 种不同功用性部件所选取的特征及其维度, "$\sqrt{}$" 表示在训练对应功用性部件边缘检测模型时选取了相应的几何特征. 不同功用性部件边缘检测时选用的特征不尽相同, 选取准则是令选取的特征或特征组合对表征该功用性部件区域带状边缘时尽可能有效且显著.

表 5.1　工具各功用性部件边缘检测模型特征选取

几何特征/维度	部件功用性						
	抓取 (grasp)	盛 (contain)	切割 (cut)	敲 (pound)	舀 (scoop)	支撑 (support)	握抓 (wrap-grasp)
方向梯度直方图 HOG/4D	$\sqrt{}$	$\sqrt{}$	$\sqrt{}$	$\sqrt{}$	$\sqrt{}$	$\sqrt{}$	$\sqrt{}$
梯度幅值 GM/1D		$\sqrt{}$	$\sqrt{}$	$\sqrt{}$	$\sqrt{}$	$\sqrt{}$	$\sqrt{}$
平均曲率 MC/1D	$\sqrt{}$	$\sqrt{}$	$\sqrt{}$				
形状指数 SI/1D	$\sqrt{}$	$\sqrt{}$				$\sqrt{}$	$\sqrt{}$
曲度 CV/1D		$\sqrt{}$	$\sqrt{}$				$\sqrt{}$

本章根据深度图像计算功用性边缘检测模型对应的几何特征, 其中平均曲率为微分几何中反映曲面弯曲程度的内蕴几何量, 记为 f_{MC}, 主曲率为 (k_1, k_2), $k_1 > k_2$, 则 $f_{\mathrm{MC}} = (k_1 + k_2)/2$. 形状指数 (SI) 和曲度 (CV) 表征表面在不同方向的弯曲, 体现人对形状的感知[4], 详见式 (1.1).

5.2.2　功用性边缘检测器构建

结构随机森林 (SRF) 通过在输入和输出端加以结构化约束, 在保留随机森林固有效率优势的同时, 能够学习到更具表现力的信息, 如边缘、大小甚至抽象关系等. 基于 5.2.1 节所确定的特征表示, 这里我们采用 SRF 离线学习的方式构建各功用性边缘检测模型, 进而联合各功用性边缘检测模型构建功用性边缘检测器.

训练数据集由 n 幅 RGB-D 图像及其标记图像组成, 其中, 深度图像用于计算特征矩阵, 标记图像保存对应图像中各工具部件功用性区域边缘标记结果. 训练样本由以 $16 \times 16 \times \alpha$ (α 为特征通道数) 为单位的特征集及相应的以 16×16 为单位的标记集组成, 标记块中每个像素的值 (0 或 1) 对应图像中像素分类结果. 用于边缘检测器学习的正样本从功用性区域带状边缘处 16×16 的像素块中提取, 负样本从背景区域及其他功用性区域边缘提取.

由于学习功用性边缘检测模型的训练数据是目标区域的带状边缘区域, 这种用局部特征来对整体建模时存在一定程度的信息不完备和不同功用性特征局部信息交叉现象, 导致在检测几何特征相似的功用性区域边缘时产生一定的误差, 对此本章中边缘检测器借鉴文献 [1] 的投票机制平抑此类误差.

针对某功用性部件采用 SRF 构建功用性边缘检测模型算法伪代码描述如下[5].

算法 5.1　基于 SRF 的功用性部件边缘检测模型构建算法

输入　工具部件深度数据集 D^n 和对应标记集 L^n, 样本数 n.

输出　功用性部件的 SRF 边缘检测模型 model.

```
for   i=1 to n
    生成 D^i 的各通道特征值 F^i;
    特征集 S_f ← 16×16 窗口在 F^i 内提取特征;
    标记集 S_l ← S_f 对应 L^i 中的标记块;
end for
对 S_l 进行主成分分析 (principal components analysis, PCA) 分析, 判断正、负样本;
for   i = 1 to q   /* 训练 q 棵树 */
    /* 生成一棵决策树 T^i(S_f, S_l)*/
    随机选择 R 维特征参与构建 T^i(S_f, S_l);
    在 T^i(S_f, S_l) 上从根节点 u 进入;
    for j = 1 to d   /*d 为节点层数 */
    计算第 j 跳节点的 H(G_j) 和 G_j;
        该节点阈值 ρ_j ←max(G_j) 对应特征值;
        if  R_j ⩽ ρ_j
          右子树 ← R_j;
        else
          左子树 ← R_j;
        end if
        if max(G_j) < 预设值 T;
          break;
          该节点为叶子节点, 存储 G_j 对应 S_l;
```

```
    end if
  end for
  {T^i(S_f^i, S_l^i)} ← T^i(S_f, S_l);
  model← {T^i(S_f^i, S_l^i)};
end for
return model
```

5.2.3 基于功用性部件组合聚类的工具字典构建

首先, 基于前面所构建的 SRF 部件边缘检测器对深度图像各功用性部件进行检测. 在检测功用性部件时, 由待检测深度图像计算相应特征集 S_f, 将其作为 q 棵决策树的输入, 由如式 (5.1) 的决策函数决定样本 $s \in S_f$ 到达叶子节点的路径:

$$h(s,\theta_j)|_{\theta_f=(f,\rho)} = \begin{cases} 0, & s(f) > \rho \\ 1, & s(f) \leqslant \rho \end{cases} \tag{5.1}$$

式中, $s(f)$ 为样本属性值, ρ 为相应节点阈值, 当 $h(\cdot) = 1$ (即 $s(f) \leqslant \rho$) 时, 样本去向右孩子, 反之样本去向左孩子. 利用样本所到达叶子节点中存储的分类信息给相应像素点投票, 并将所有像素对应投票归一化得到图像中该功用性部件的显著度.

然后, 组合各功用性部件的显著度形成各类工具的字典表示, 并通过聚类方式训练得到各工具字典. 本章利用 K 均值算法对日常生活中常用工具样本 E 进行聚类. 随机选取 k 个初始聚类中心 $c_1^{(0)}, c_2^{(0)}, c_3^{(0)}, \cdots, c_k^{(0)}$, 计算各工具样本到核 (聚类中心) 的距离, 从而将该样本点聚类到离它最近的类中去, 计算每一个聚类中所有样本点的平均值, 并将这个平均值再作为新的聚类中心, 重复计算直到算法收敛或达到某一指定最大迭代次数. 此时, 所有样本中工具各部件功用性显著度到群聚类中心距离的群内和之和最小. 每次聚类的核 (聚类中心) 存入字典中形成完整的工具字典. 基于功用性部件组合聚类的工具功用性字典构建完整算法如下.

算法 5.2 功用性部件组合聚类工具功用性字典构建完整算法

输入 由 7 种功用性部件组合显著表示的工具数据集 E, 样本数 n, 功用性类别 K.
输出 工具功用性字典 D.

```
for i=1 to K
  选取初始聚类中心 {c_1^{(0)}, c_2^{(0)}, c_3^{(0)}, \cdots, c_k^{(0)}};
    for t = 1 to t_iter /*iter 为迭代次数 */
      for j = 1 to n
```

$$\{c_1^{(t)}, c_2^{(t)}, c_3^{(t)}, \cdots, c_k^{(t)}\} \leftarrow c_k^{(t+1)};$$

$d_k \leftarrow$ 样本到聚类中心的距离 $\left\| E_j^i - C_k^t \right\|_2^2;$

E_j^i 所属类簇 $\leftarrow \min(d_k)$ 类簇;

end for

第 t 次分类第 k 个类簇 $S_k(t) \leftarrow E_j^i;$

更新聚类中心;

end for

$d_i \leftarrow \{c_1^{(t)}, c_2^{(t)}, c_3^{(t)}, \cdots, c_k^{(t)}\};$

$D_K \leftarrow d_i;$

end for

return D_K

5.3　基于功用性工具字典的家庭日常工具分类

如图 5.1 所示,离线阶段训练得到工具部件功用性边缘检测器、工具字典;在线分类阶段,将其分别应用于检测目标功用性区域生成各部件显著度序列,判断待测目标工具的类别. 检测过程算法描述如下.

算法 5.3　基于部件语义组合的工具分类检测算法

输入　待检测 n 幅 RGB-D 图像 X_n,带有 K 种功用性的工具字典 D_K,功用性部件边缘检测器 model_K.

输出　工具类别矩阵 $\text{result}(n)$.

```
for i= 1 to n
    for k=1 to K /*K 种功用性部件分别检测 */
        边缘显著图 E_k(i) ← model_k(X_i);
    end for
        整体 E(i) ← 组合功用性部件 E_k(i);
end for
for i = 1 to n
    d_k ← E(i) 与 D_K 基元间欧几里得距离;
    result(n) ← min(d_k) 对应功用性类别;
end for
return result(n)
```

5.4 实　　验

5.4.1　实验数据集

本章实验选用马里兰大学制作的 UMD Part Affordance 数据集[1]，该数据集是目前比较完备的工具部件功用性数据集，收集了包含厨房、园艺等共计 17 种家庭日常工具，即铲子 (turner)、泥刀 (trowel)、铁锤 (tenderizer)、汤匙 (spoon)、铁锹 (shovel)、大剪刀 (shear)、铲斗 (scoop)、剪刀 (scissors)、锯子 (saw)、陶罐 (pot)、马克杯 (mug)、木槌 (mallet)、勺子 (ladle)、锤子 (hammer)、杯子 (cup)、碗 (bowl)、刀 (knife) 的 RGB-D 信息，每种工具在近 300 个不同视角下进行采集，如此产生了超过 30000 组 RGB-D 数据，其中约 1/3 的工具都进行了部件功用性标记．本实验中，首先利用部件及其功用性标记进行部件边缘特征提取与边缘检测器学习，然后，根据工具主要主动功用性语义将 17 种工具分为 5 类，即 cut, scoop, contain, pound, support, 利用已标记部件功用性的 5 类工具及其相应类别进行工具字典构建，上述过程中训练数据和测试数据比例约为 4:1. 为直观起见，图 5.2(a) 中列举了 17 种工具所划分成的 cut, scoop, contain, pound, support 5 类描述[1]. 同时利用主动式 RGB-D 相机 Kinect V2 对日常生活中的一些工具进行数据采集，图 5.2(b) 中列举了部分工具样本.

cut	knife saw scissors shears	
scoop	ladle scoop spoon	
contain	bowl cup mug pot	
pound	hammer mallet tenderizer	
support	trowel shovel turner	

(a) 5 类家庭日常工具及示例

(b) 本章使用 Kinect 采集的工具样本示例

图 5.2　RGB-D 数据集及本章采集的部分工具对象 (后附彩图)

5.4.2 实验结果与分析

本章依次对图 5.2 中的 7 种功用性部件及基于功用性部件组合的 5 类工具字典进行训练与测试实验.

离线建模阶段,学习得到某功用性的边缘检测模型 (由 8 棵决策树构成的随机森林),继而由工具部件边缘检测器对各种工具功用性部件边缘进行检测并组合表示工具,检测及组合显著图如图 5.3 所示. 然后,把各部件边缘检测器检测得到的显著度组成向量作为训练数据,对每一类工具进行 K 均值聚类,得到该类工具的 $K \times 5$ 行 7 列的矩阵字典,其中 K 为聚类中心数,由此整合得到 5 类工具的矩阵字典,其中,行代表功用性工具的 5 个类别,列代表作为工具组成部分的 7 种功用性部件的显著度.

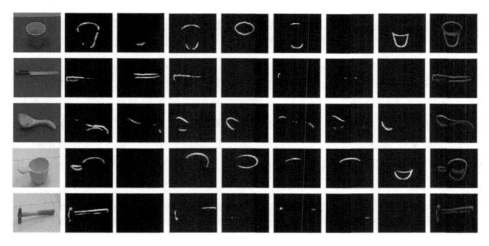

图 5.3　7 种功用性部件边缘检测器对工具各部件的检测结果及功用性部件组合的
工具显著图(后附彩图)

在线分类阶段, 利用工具部件边缘检测器对各种工具功用性部件边缘进行检测, 将检测得到的各部件显著度构成部件显著度向量, 利用上面训练得到的字典进行工具分类检测. 从数据集中每种工具各选 10 个构成共计 170 个的待测样本, 计算各待测工具的部件概率向量与工具字典中各单词 (聚类中心) 的距离, 根据距离最小原则, 将该工具归属到相应类中, 最后把分类结果与已知工具真实类别进行比较计算出分类准确率, 准确率越高则说明分类效果越好.

实验一　核数取 3 时各类工具分类准确率实验. 图 5.3 直观地给出了针对 UMD Part Affordance 数据集及 Kinect 相机自采数据集的部分数据, 以及采用 7 种功用性部件边缘检测器对工具各部件的检测结果及功用性部件组合的工具的显著图. 表 5.2 给出了 $k = 3$ 时的分类准确率. 可以看出 cut, contain, scoop 类的准确率可达 90% 及以上, 但 pound 和 support 类的分类效果却相对较差. 因此 5 个功用性类别在取同一核数时的分类效果不尽相同.

表 5.2　核取 3 时 5 类功用性工具的分类准确率　　　　　　　　(单位: %)

	cut	contain	scoop	pound	support
cut	100	0	3	3	5
contain	0	98	7	0	0
scoop	0	2	90	7	10
pound	0	0	0	80	0
support	0	0	0	10	85

实验二　取不同的核数时各类工具分类准确率实验. 选用平均质心距离的加权平均值作为 K 均值聚类的一个类簇指标进而对 5 类工具分别聚类, 多次实验选出合适的核值使得分类准确率最高. 图 5.4 为取不同核数时 5 类工具分类准确率统计图, 从图中可以看出, 虽因 5 种功用性类别中所含工具的种类个数及类内工具间差异度不同 (例如: cut 类中含有 4 种具有 "切" 的刀具, scoop 类中含有 3 种具有 "舀" 的勺子和汤匙等) 5 种分类曲线的走势存在差异性即各类准确率最高值所取核值不同. 又因每次实验选取初始聚类中心的随机性, 分类准确率也会略有浮动. 但本章方法对 5 类家庭日常工具进行功用性分类, 每一类分类准确率最高都可达 90%~100%. 表 5.3 给出了同一数据集下, 本章方法与基于 SVM 分类器、Adaboost 分类器及利用 CRF[6] 对工具整体建模并分类的 3 种方法对工具进行功用性分类的分类结果统计对比. 由此可以直观地看出本章方法对 5 个功用性类别的分类准确率都高达 90%. 而其他 3 种方法准确率普遍低且不均衡, 尤其是对 scoop 类的分类, 对比最为明显. 可见, 本章功用性部件组合聚类的方法对家庭日常工具分类的准确率较其他分类方法明显提高.

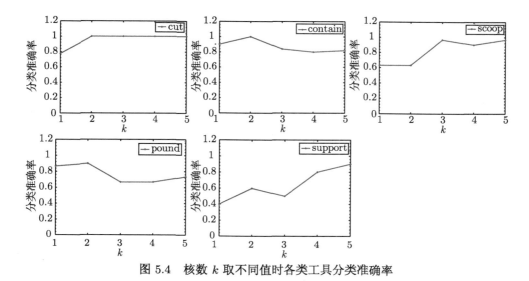

图 5.4　核数 k 取不同值时各类工具分类准确率

表 5.3　K 均值，SVM，Adaboost，CRF 四种方法的工具功用性分类准确率

(单位：%)

工具类别学习方法	cut	contain	scoop	pound	support
SRF+K 均值	100	98	90	90	95
SRF+SVM	85	52	30	63	63
SRF+Adaboost	50	92	20	66.7	60
CRF	53.3	54	50	70.2	75

　　实验三　基于功用性部件字典匹配的替代工具排序实验. 由于本章中工具字典由各功用性部件显著度组合表示，从而充分考虑了关键组成部件对工具的重要程度，采用字典匹配的思想，通过计算替代工具的部件功用性显著度向量与目标字典基元之间的距离，选取欧几里得距离作为相似性判断依据，从而计算出每一种工具与目标的相似程度并进行排序. 图 5.5 给出了基于功用性语义部件字典匹配的若

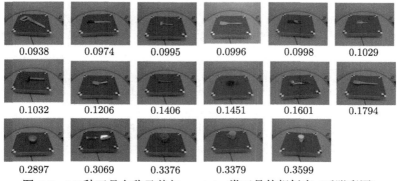

图 5.5　17 种工具名称及其与 contain 类工具的相似度 (后附彩图)

干工具近似度值排序结果，可以看出，采用本章的部件功用性语义组合的工具字典从功用性角度进行近似度对比，能够更加准确地找到某种工具的近似工具，从而保证服务机器人能够找到最有效的工具或最合适的替代工具.

上述实验均由 MATLAB 编程实现，运行环境为 4 核 1.8GHz CUP，16GB 内存的 Ubuntu 系统. 5 类工具的检测分类耗时如表 5.4 所示，可以看出，利用本章方法对家庭日常工具进行分类，检测分类速度较 SVM 和 Adaboost 两种分类方法有所提升，能够基本满足服务机器人对工具检测分类的实时性需要.

表 5.4   5 类工具功用性分类检测耗时   (单位：s)

工具类别	cut	contain	scoop	pound	support
K 均值	5.509	5.560	5.451	5.558	5.557
SVM	5.576	5.602	5.589	5.579	5.570
Adaboost	5.562	5.565	5.550	5.572	5.561
CRF	1.828	1.785	1.772	2.043	1.778

5.5   本 章 小 结

本章提出了一种基于功用性部件组合聚类的家庭日常工具功用性分类方法. 从深度数据中提取有效的形状特征表示功用性部件并基于 SRF 构建了功用性部件边缘检测器，联合工具各部件显著度并聚类生成了工具字典，并探讨了基于该工具字典的工具分类与工具相似性计算. 实验验证了本章方法对家庭日常工具表示和分类的有效性，为机器人工具认知继而提供高效智能的服务奠定了基础. 本章对各部件进行松散组合建模，并未考虑到各部件间的空间位置等关系. 借鉴人类工具认知方式进一步深入分析各功用性部件间的关系，构建更加有效的工具整体模型，是本书下一步的研究内容.

参 考 文 献

[1] Myers A, Teo C L, Fermuller C, et al. Affordance detection of tool parts from geometric features[C]. Proceedings of IEEE Conference on Robotics and Automation, Washington, USA, 2015: 1374-1381.

[2] Ho T K. Random decision forests[C]. Proceedings of IEEE Third International Conference on Document Analysis and Recognition, 1995: 278-282.

[3] 吴培良, 何犇, 孔令富. 一种基于部件功用性语义组合的家庭日常工具分类方法[J]. 机器人, 2017, 39(6): 786-794.

[4] Koenderink J J, Van Doom A J. Surface shape and curvature scales[J]. Image and Vision Computing, 1992, 10(8): 557-564.

[5] 吴培良, 付卫兴, 孔令富. 一种基于结构随机森林的家庭日常工具部件功用性快速检测算法[J]. 光学学报, 2017, (2): 155-165.

[6] Yang J, Yang M H. Top-down visual saliency via joint CRF and dictionary learning[C]. IEEE Conference on Computer Vision and Pattern Recognition. Piscataway, USA: IEEE, 2012: 2296-2303.

第6章　基于空间金字塔池化的工具识别

本章针对家庭日常工具功用性认知问题展开研究,受深度卷积神经网络以及人脸、遥感图像分类中空间金字塔池化方法的启发[1-3],设计了一种基于深度图像几何特征的工具功用性建模与分类方法.计算各类工具的几何特征并联合形成工具特征图,并基于增量式主成分分析(cciPCA)多尺度局部特征块的提取建立空间池化金字塔、级联金字塔每层的池化结果生成各工具特征向量.在工具特征向量的基础上训练 SVM 的分类器,通过训练得到的分类模型对工具进行分类识别.本章从工具功用性角度分析采用几何特征空间表征方式来代替传统图像分类中的颜色特征(例如:SIFT 特征).另外,本章使用 cciPCA 对局部特征块进行处理并联合空间池化金字塔生成工具特征向量,使用 SVM 分类器对工具进行分类识别,使得工具分类准确率较高.

6.1　系　统　框　架

本章提出的家庭日常工具功能认知和分类方法包括工具特征图构建与工具分类识别两个阶段,具体流程图如图 6.1 所示.

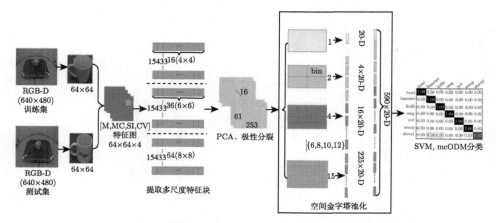

图 6.1　基于空间金字塔池化的工具分类检测整体流程图(后附彩图)

工具特征图构建阶段:基于各工具的深度图像,分别计算各工具的几何特征形成工具特征图,然后在工具特征图上进行多尺度特征块的密集提取.为了提高分类准确率, 利用 cciPCA 对密集提取得到的局部特征块进行处理得到各工具特征图. 在经过预处理的各类工具特征图上, 建立空间金字塔池化模型. 本章选取了一个 8 层的空间池化金字塔, 并在空间金字塔各层的单元上选用最大池化的方法, 对金字塔各层进行池化. 接着级联金字塔各层池化结果, 形成各工具基于空间金字塔池化的特征图.

工具分类识别阶段: 本章分别选用了 SVM, mcODM 等线性分类器建立各类工具的分类模型, 并对各分类模型的分类结果针对准确率和效率进行对比分析, 选出分类效果较好的工具分类模型.

6.2 构建工具特征图的空间池化模型

6.2.1 工具几何特征描述

由于家庭日常工具在不同视角下的几何结构变化会影响到特征数据的有效性, 故数据的采集及特征提取考虑到角度变化的鲁棒性[4]. 借鉴文献 [5] 中利用几何特征提取算法从图像多通道中提取特征并进行特征融合的方式, 本章针对梯度幅值、平均曲率、形状指数和曲度四种特征进行特征提取, 进而进行组合表示各类工具.

本章从各工具 RGB-D 图的深度信息中获取四种几何特征, 并组合表示工具. 其中梯度幅值能够表示物体的边缘结构特征, 描述物体的局部形状信息、位置和方向空间的量化. 一定程度上可以抑制因物体视角平移和旋转所带来的影响. 令 I_x 和 I_y 分别代表水平和垂直方向上的梯度值, 则 $M(x,y) = \sqrt{I_x^2 + I_y^2}$ 即为梯度幅值. 平均曲率为微分几何中反映曲面在不同方向上的弯曲程度的内蕴几何量, 记为 f_{MC}. 在曲面的每点, 一般存在两个互相垂直的切方向, 使得它们对应的法曲率 k_1 和 k_2 是该点所有法曲率中的最大和最小值, 这两个方向称为曲面在该点的主方向, 而 k_1 和 k_2 称为主曲率. 则平均曲率可表示为 $f_{MC} = (k_1 + k_2)/2$.

6.2.2 基于 cciPCA 的多尺度特征块提取

一个 $h \times w$ 像素的工具图, 第一步, 以 s 像素为步长重叠提取 $r \times r$ 像素的局部块. 则 $l = \left\lfloor \dfrac{h-r}{s} + 1 \right\rfloor$, $j = \left\lfloor \dfrac{w-r}{s} + 1 \right\rfloor$, 每一个工具特征图就被分成 $l \times j$ 个局部特征块. 将每一个局部特征块都转换成一个行向量 X. 通过式 $\hat{x}_i = (x_i - m)/v$ 对 X 进行归一化, 其中 x_i 是 X 的第 i 个元素, m 和 v 是 X 的均值和标准差. 密集提取得到的所有的局部特征块都进行归一化后, 为了去噪及降低后续空间金字塔池化过程中特征向量的维度, 通过 cciPCA 对局部特征块进行降维, 将局部块特征块转换到较低维的特征空间如算法 6.1 所示. 本章以保证原特征空间 90% 的信息被保留为准则, 选择将局部特征向量降到 10 维.

算法 6.1　基于 cciPCA 的多尺度特征块降维算法

输入　局部特征块 $X(1), X(2), \cdots, X(n)$ 及要降到的维度 k.

输出　前 k 个主元 $v_1(n), v_2(n), \cdots, v_k(n)$.

令 $X_1(n) = X(n)$

对 $i = 1, 2, \cdots, \min(k, n)$, 若 $i = n$, 初始化第 i 个主成分为 $X_i(n) v_i(n) = X_i(n)$

否则,

$$v_i(n) = \frac{n-1-l}{n} v_i(n-1) + \frac{1+l}{n} X_i(n) X_i^{\mathrm{T}}(n) \frac{v_i(n-1)}{\|v_i(n-1)\|} \tag{6.1}$$

$$X_{i+1}(n) = X_i(n) - X_i^{\mathrm{T}}(n) \frac{v_i(n)}{\|v_i(n)\|} \frac{v_i(n)}{\|v_i(n)\|} \tag{6.2}$$

其中, l 为遗忘因子, 没有遗忘因子的增量表达式为

$$v_i(n) = \frac{n-1}{n} v_i(n-1) + \frac{1}{n} X_i(n) X_i^{\mathrm{T}}(n) \frac{v_i(n-1)}{\|v_i(n-1)\|} \tag{6.3}$$

其中, $\dfrac{n-1}{n}$ 为待估算值的权重, $\dfrac{1}{n}$ 为新样本数据的权重, $v_i(n)$ 是特征值与特征向量乘积 $\lambda_i e_i$ 的估计, 即特征向量 $e_i = \dfrac{v_i}{\|v_i\|}$, 相对应的特征值 $\lambda_i = \|v_i\|$

由式 (6.1) 对第一个主成分估算值进行更新

由式 (6.3) 得到样本数据与第一个主元的残差, 以此再对第二个主元估算值进行更新

依次进行迭代, 对所有待求的主元估算值进行更新

输出 $v_1(n), v_2(n), \cdots, v_k(n)$

6.2.3　空间池化金字塔的构建

　　本章所采用的空间金字塔池化的方法与其他特征编码[6,7] 方法不同的是, 通常的特征编码方法是通过预先训练的字典对编码的特征进行池化, 而本章方法直接在各类别工具图像的局部特征块上建立空间池化金字塔而不必经过稀疏编码预先训练字典. 假设我们设置 l 层的空间金字塔为 $\{c_1, c_2, \cdots, c_l\}$, 这样在第 l 层的网格上每一维都有 c_l 个单元. 那么在一幅二维图像上一共有 $\sum\limits_{l=1}^{L} c_l^2$ 个池化单元.

　　因为局部特征块的维度较低, 所以建立多层池化空间金字塔. 在应用了 cciPCA 降维之后每一个块的维度都变为 10, 对于无监督的特征学习或者是基于文献 [6] 和 [7] 中 bag-of-features 的方法, 对于每一个提取的局部特征, 编码特征的维度和字典的大小通常都是几千量级. 与之不同的是, 本章方法, 通过加大池化金字塔层数来保证工具识别精度.

在对各类工具进行空间金字塔池化的过程中, 本章选择最大池化的方法, 在每一个局部特征块池化单元中作求最大值的计算. 最大池化的计算公式如下:

$$\text{Maxpooling:} \quad f_i = \sum_j x_i^{(j)}/m \tag{6.4}$$

其中, $x_i^{(j)}$ 是当前池化单元中第 j 个局部块的第 i 个元素. m 是池化单元中块的数量, $f = \{f_1, \cdots, f_i, \cdots\}$ 是当前单元的池化特征.

6.3 多分类的线性分类模型构建

本章选用 SVM 分类器构建工具分类模型. 其中对于图像分类技术, 分类器的选择与分类结果是互相耦合的关系. SVM 在线性核下取得较好的结果, 故本章选取 SVM 构建工具分类模型.

将 SVM 用于空间金字塔池化后的工具特征向量, 工具分类识别的完整算法如算法 6.2 所示.

算法 6.2 联合 SVM 线性分类器和空间金字塔池化特征的工具识别

输入 基于各类工具 RGB-D 深度图的训练样本和测试样本.
输出 测试工具图的类别标签.

分别对训练集合测试集进行几何特征提取形成各工具特征图
定义各工具特征图的局部块及空间池化金字塔尺寸
for 每一个尺寸的局部特征块 do
    分别对训练集合测试集进行局部特征块的密集提取
    对每一个特征块进行归一化处理
    在归一化后的每一个局部特征块上使用 cciPCA 进行降维
    建立 8 层金字塔
    金字塔每层的每个单元中进行空间池化
end for
级联所有的池化向量形成最后的工具特征向量
对所得到的各工具特征向量进行标准化
训练集工具的特征向量作为训练 SVM 分类器的样本, 并给定各工具对应的类别标签
    在样本特征空间中找出各类别特征样本与其他特征样本的最优分类超平面
    得到代表各样本特征的支持向量集及其相应的 VC 可信度
    形成判断各特征类别的判别函数即 SVM 模型
    将测试集工具的特征向量作为判别函数的输入, 利用分类判决函数得出分类

结果

输出：测试工具图的类别标签

6.4　模型选择及实验结果

6.4.1　实验数据集

　　本章实验选用文献 [8] 中所采用的 UMD Part Affordance 数据集，该数据集包含的工具图像数据完整、功用性部件，标记清晰、种类丰富，其收集了包含厨房、园艺等共计 17 大类家庭日常工具：铲子 (turner)、泥刀 (trowel)、铁锤 (tenderizer)、汤匙 (spoon)、铁锹 (shovel)、大剪刀 (shear)、铲斗 (scoop)、剪刀 (scissors)、锯子 (saw)、陶罐 (pot)、马克杯 (mug)、木槌 (mallet)、勺子 (ladle)、锤子 (hammer)、杯子 (cup)、碗 (bowl)、刀 (knife) 的 RGB-D 四个通道的信息数据，每一大类中又包含多种颜色和形状各异的同类工具，每种工具在近 300 个旋转视角下进行采集，产生了超过 30000 组的彩色和深度数据，其中约 1/3 的工具都进行了部件功用性的清晰标记，是目前研究家庭日常工具功能认知和分类识别的理想数据集. 本章实验中，选用数据集中的 8 类工具分别为：bowl, hammer, knife, mug, pot, scoop, shovel和 scissors 组成工具分类的训练集和测试集. 根据空间金字塔池化网络 (spatial pyramid pooling net, SPP-net) 算法计算各类工具的特征向量，进而基于各类工具的特征向量模型训练线性分类器实现工具的有效识别及分类. 图 6.2 中列举了本章选用的 7 类工具的类型示例.

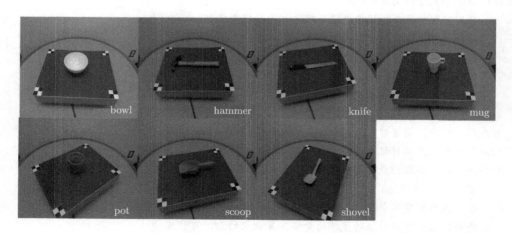

图 6.2　实验中选用的 7 类工具示例 (后附彩图)

UMD Part Affordance 数据集包含的 17 种工具中, 有多种工具功能特征上是相同的, 只是在颜色、形状或大小属性上存在差异, 本章所选取的如图 6.2 所列举的 7 类工具中, 每一类工具代表一种功能属性, 具有同种功能属性的工具忽略其外在形状和颜色差异归为一类. 在能完成同种任务的多类工具中, 本章选择一类工具并在其中为实验进行随机样本的选取.

6.4.2 实验结果及分析

本章依次对图 6.2 中的 7 类工具进行训练与测试实验.

工具特征图构建阶段, 从 7 类工具的深度图上, 分别计算梯度幅值、平均曲率、形状指数、曲度等四种表观几何特征并级联. 进而基于各工具的表观特征提取包括 $4 \times 4, 6 \times 6, 8 \times 8$ 的多尺度的局部特征块并为了提高识别精度使用 cciPCA 的方式将各局部特征降维到 10 维. 接着对各局部特征块建立 8 层的空间池化金字塔, 并级联每一层金字塔的池化结果, 最后得到各工具图像的特征图.

工具分类识别阶段, 基于工具特征图, 训练 SVM 分类模型. 从数据集中, 每类工具任选 20 个构成共计 140 个待测样本, 利用训练好的分类模型进行检测, 最后得到 7 类工具的分类混淆矩阵.

实验一 取不同空间池化金字塔层数及池化方法时各工具分类准确率实验. 在包括 bowl, hammer, knife, mug, pot, scoop, shovel 7 类工具的深度图上进行实验. 8 层的金字塔池化在 $1 \times 1, 2 \times 2, \cdots, 15 \times 15$ 的常规网格单元上进行. 实验中默认局部块的大小为 4×4, 密集提取的步长为 1 像素, 每一幅图像共提取 15433 个局部特征块. 表 6.1 给出了选取不同的池化金字塔层数时对工具分类准确率的影响, 其中 8 层金字塔为 $\{1, 2, 4, 6, 8, 10, 12, 15\}$. 由此可以清楚地看出, 8 层的金字塔取得较好的分类准确率. 从最大池化和平均池化方法在不同层的空间金字塔上对分类的准确率看来, 其中当空间金字塔层数小于 5 层时, 平均池化的方法对于工具分类取得较好的效果, 这是因为当池化金字塔层数较少时, 最大池化会比平均池化损失较多的特征信息. 但当金字塔层数大于 5 时, 选择最大池化方法时的分类准确率略高于平均池化方法. 因此 8 层池化金字塔加最大池化的方法使得工具分类效果较好.

表 6.1   选取不同的空间池化金字塔层数时的工具分类准确率   (单位: %)

池化方法	金字塔层数							
	1 层	2 层	3 层	4 层	5 层	6 层	7 层	8 层
最大池化	32.14	57.14	81.3	90.71	90.00	93.57	96.43	97.14
平均池化	43.57	79.28	81.42	90.71	94.28	84.28	92.14	91.43

实验二　对采用 cciPCA 的方法进行局部特征块降维对工具分类的影响进行实验. 实验中选用 8×8 的特征块, 表 6.2 中给出了分别使用 PCA 和 cciPCA 两种降维方法对特征块进行降维, 降到不同维度时, 工具分类准确率的变化情况. 其中可以看出, cciPCA 用于工具特征块降维时分类准确率一般高于 PCA, 且不降维直接在原局部特征块上进行实验, 分类准确率低于 10 维 cciPCA 特征的分类准确率. 因此本章采用的 cciPCA 方法进行局部特征块降维对于工具的分类准确率的提高起着非常重要的作用.

表 6.2　cciPCA 和 PCA 用于 8×8 的局部特征块降维时工具分类准确率比较 (单位:%)

降维方法	维度					
	1	5	10	20	40	60
cciPCA	**93.57**	**93.57**	**96.42**	**98.57**	95.00	96.42
PCA	92.85	91.42	95.71	97.85	**96.42**	96.42
不降维			93.57			

实验三　表 6.3 中给出了采用不同分类器和模型构建方法对工具分类随机三次实验的分类准确率, 从表中可以看出本章采取的方法构建的工具分类模型取得了较高的分类准确率. 由于高层多尺度空间池化金字塔模型的建立, 得到了各工具较高维的特征向量, 为线性分类器的训练提供了较丰富的信息. 从表 6.3 中可清晰地看出, 本章方法中空间池化金字塔算法的加入使得工具分类准确率有了大约 8% 的提高, 并且本章方法与较传统的 BOW 模型工具建模方法相比, 分类准确率也有着显著提高.

表 6.3　采用不同的工具分类方法的分类结果对比　　　　　　(单位: %)

方法	分类准确率		
	实验 1	实验 2	实验 3
几何特征 SPP+SVM	**97.14**	**97.85**	**96.42**
原始特征 SPP+RRC	84.28	85.00	82.85
几何特征金字塔 + BOW+ SVM	72.14	75.00	75.00
几何特征 (非 SPP)+SVM	89.28	87.86	85.71
几何特征 SPP+mcODM	85.71	90.00	86.42

图 6.3 所示为本章方法三次实验的工具分类混淆矩阵, 通过此分类混淆矩阵可以清楚地看出每类工具的具体分类情况, 其中只有 shovel 类工具的分类结果被混淆到 hammer 和 knife 类中, 其他工具的分类结果没有出现混淆. 因此本章方法, 在 UMD Part Affordance 数据集的测试中取得较好的工具分类识别效果, 能够满足工具分类的基本需求.

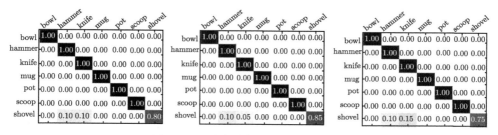

图 6.3 三次实验的工具分类混淆矩阵

6.5 本章小结

本章提出了一种基于工具深度图像几何特征,并进行空间金字塔池化建模的家庭日常工具分类方法. 从各工具深度数据中提取四种形状特征组合形成工具特征图,接着在各工具特征图上进行多尺度局部特征块的密集提取并联合所有局部特征块来表示各类工具. 基于在各工具特征图上密集提取所得到的局部特征块,建立一个 8 层的空间金字塔模型,并在金字塔每一层的池化单元上使用最大池化的方法得到每一层的池化特征向量. 最后级联各层空间金字塔池化特征向量,选用 SVM 线性分类器对各工具进行分类识别. 在 UMD Part Affordance 数据集上的实验表明,一方面与现主流的深度学习方法相比,本章设计的家庭日常工具分类方法只需在普通 CPU 上即可实现,而深度学习的方法不仅需要大数据的支持而且对硬件要求较高,实现难度及成本远远大于本章方法;另一方面本章方法对家庭日常工具取得了较好的分类效果,能够在一定程度上满足家庭服务机器人在识别家庭日常工具上的要求,为家庭服务机器人免标签环境下的工具认知进而提供高效智能的服务奠定了基础.

参 考 文 献

[1] Shen F, Shen C, Zhou X, et al. Face image classification by pooling raw features[J]. Pattern Recognition, 2016, 54(C): 94-103.

[2] 吴培良, 何犇, 侯增广. 基于空间金字塔池化特征的日常工具分类识别[J]. 控制与决策, 2018, DOI:10.13195/j.kzyjc.2017.1748.

[3] Han X, Zhong Y, Cao L, et al. Pre-trained Alexnet architecture with pyramid pooling and supervision for high spatial resolution remote sensing image scene classification[J]. Remote Sensing, 2017, 9(8): 848.

[4] 吴培良, 付卫兴, 孔令富. 一种基于结构随机森林的家庭日常工具部件功用性快速检测算法[J]. 光学学报, 2017, (2): 155-165.

[5] Myers A, Teo C L, Fermüller C, et al. Affordance detection of tool parts from geometric features[C]. IEEE International Conference on Robotics and Automation. IEEE, 2015:1374-1381.

[6] Yang J, Yu K, Gong Y, et al. Linear spatial pyramid matching using sparse coding for image classification[C]. Proc. IEEE Conf. Comp. Vis. Patt. Recogn., 2009: 1794–1801.

[7] Coates A, Ng A. The importance of encoding versus training with sparse coding and vector quantization[C]. Proc. Int. Conf. Mach. Learn., 2011: 921–928.

[8] Myers A, Teo C L, Fermuller C, et al. Affordance detection of tool parts from geometric features[C]. Proceedings of IEEE Conference on Robotics and Automation, Washington, USA, 2015: 1374-1381.

第 7 章 基于 CLM 模型的服务机器人室内功能区分类方法

室内功能区是指根据房屋的使用功能和各共有建筑部位的服务范围而划分的区域. 服务机器人室内功能区认知旨在建立一种人机共融式的功能区认知框架, 机器人通过视觉系统将室内功能区场景图像捕捉到大脑, 经由预先学习的认知框架加以分析, 得到该场景图像的深层功能属性, 这一过程与人类场景认知机理类似. 本章提出了基于无码本模型 (codebookless model, CLM) 的家庭服务机器人室内功能区分类方法. 首先, 采用加速鲁棒特征 (SURF) 提取算法获得底层特征; 其次, 考虑到本章采用的室内功能区数据集背景噪声特点, 去除背景杂波的滤除过程, 提高运算效率; 最后, 采用改进的 SVM 作为分类器, 较现有 CLM 方法更加简洁高效, 适用于较低配置的机器人.

7.1 系 统 框 架

不同于词袋 (BOW) 模型通过学习码本统计局部特征分布并对描述符进行编码的方法 (图 7.1), CLM 模型直接用描述符表示图像, 无须预先训练码本和随后的编码, 具有规避 BOW 模型上述限制的优势. 此外, 本章从底层特征与分类器两方面进行了优化改进.

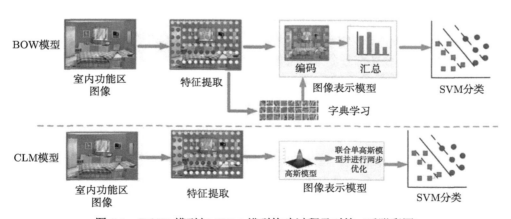

图 7.1 BOW 模型与 CLM 模型构建过程及对比 (后附彩图)

本章提出的基于 CLM 的家庭服务机器人室内服务环境分类方法主要分为特征提取、离线构建图像表示模型和在线分类检测三个阶段[1].

特征提取阶段：以室内环境的灰度图像作为输入，计算 SURF 特征描述子，获得不同场景类别的特征描述.

离线构建图像表示模型阶段：考虑到构建码本的局限性，本章采用无码本的 CLM 替代 BOW 模型构建室内功能区的表示模型. 首先，构建单高斯模型的图像表示；然后，使用一个有效的两步度量方法匹配高斯模型，并引入两个重要参数改进所使用的距离度量公式；最后，采用改进的 SVM 学习方法，进行室内功能区的分类.

在线分类检测阶段：将一组新的图像作为测试集，通过与训练的图像模型匹配，对测试集图像进行分类，通过分类准确率判断模型的有效性和实用性.

7.2　基于 CLM 算法的功能区图像模型构建

7.2.1　提取图像特征描述符

即使同类别的两张室内功能区图像之间也会存在拍摄角度、光照变化、尺度大小等方面的差异，从而影响分类判别的准确率. SURF[2] 算法是一种图像局部特征计算方法，基于物体上的一些局部外观的兴趣点而生成，对方向旋转、亮度变化、尺度缩放具有不变性，对视角偏移、仿射变换、噪声杂波也具有一定的稳定性. SURF 算法在保留了 SIFT 算法的优良性能的基础上，特征更为精简，在降低算法复杂度的同时提高了计算效率. 鉴于此，本章使用 SURF 算法计算功能区场景图像特征.

基于 SURF 算法的功能区特征提取算法具体如下：

输入　室内功能区的灰度图像.

输出　室内功能区的 64 维 SURF 特征矩阵.

步骤 1　对输入图像 I 进行高斯滤波，得到滤波后的图像 $F(\phi)$，其中 ϕ 为尺度因子. 对 $F(\phi)$ 分别求各个方向上的二阶导数，记为 D_{xx}, D_{xy}, D_{yy}.

步骤 2　构造图像 I 的 Hessian 矩阵，选定某一像素的 Hessian 矩阵如下：

$$H(f, \varphi) = \begin{bmatrix} D_{xx}(f, \phi) & D_{xy}(f, \phi) \\ D_{xy}(f, \phi) & D_{yy}(f, \phi) \end{bmatrix} \tag{7.1}$$

式中 f 代表图像 I 中的某一点的像素值，$D(f, \phi)$ 代表像素点与二阶导数的卷积.

步骤 3　通过对每个像素的 Hessian 矩阵求行列式的值，得到每个像素点的近似表示记为 f'，遍历每个像素的 Hessian 矩阵，得到图像 I 的响应图像 $F'(\phi)$.

步骤 4　改变 ϕ 的值，得到不同尺度下的高斯平滑图像，形成高斯金字塔.

步骤 5 对某一像素点 f', 得到邻域内的极值, 记为邻域内的特征点.

步骤 6 选取主方向, 然后把正方形框分为 16 个子区域, 在每个子区域内统计水平方向和垂直方向 (相对主方向而言) 的 Haar 小波特征, 得到 64 维的图像特征向量.

7.2.2 图像高斯模型表示与匹配

给定输入图像 I, 通过以上方法计算其 SURF 特征, 得到特征集合, 记为 $\left\{F_i \in \mathbf{R}^{k \times i}, i=1, \cdots, P\right\}$. 借鉴文献 [3] 的方法, 通过最大似然法, 图像可以用式 (7.2) 的单高斯模型表示:

$$N\left(F_i \mid \mu, \sigma\right)=\frac{\exp \left(-\frac{1}{2}\left(F_i-\mu\right)^{\mathrm{T}} \sigma^{-1}\left(F_i-\mu\right)\right)}{\sqrt{(2 \pi)^k \det (\sigma)}} \tag{7.2}$$

其中, $\mu=\frac{1}{P} \sum\limits_{i=1}^{P} F_i, \sigma=\frac{1}{P-1} \sum\limits_{i=1}^{P}\left(F_i-\mu\right)\left(F_i-\mu\right)^{\mathrm{T}}$ 分别是平均向量和协方差矩阵, $\det(\cdot)$ 表示矩阵的行列式.

$N\left(F_i \mid \mu, \sigma\right)$ 是 $\mathbf{R}^{k \times i}$ 空间的一个高斯分布, 直接寻找模型之间的距离度量函数比较困难. 文献 [4] 针对高维空间中的高斯分布之间的匹配提出了一种新的度量方法, 即将多变量的正态分布化为黎曼对称空间. 在黎曼对称空间中可以获得距离计算函数以及其他的几何数据. 借鉴文献 [4] 的变换思路, $N\left(F_i \mid \mu, \sigma\right)$ 可被近似表示为黎曼空间中的 $(n+1) \times(n+1)$ 的对称矩阵:

$$N \rightarrow G \approx(\det \sigma)^{-\frac{2}{n+1}}\left[\begin{array}{cc} \sigma^2+\mu \mu^{\mathrm{T}} & \mu \\ \mu^{\mathrm{T}} & 1 \end{array}\right] \tag{7.3}$$

详细的简化和嵌入过程可以参考文献 [4] 和 [5].

通过文献 [4] 的方法 $N\left(F_i \mid \mu, \sigma\right)$ 被唯一地表示为对称矩阵 G, 这与张量空间存在一一对应的关系, 故可以通过矩阵指数将加法和标量乘法传递到张量空间, 进而张量空间中的对数加法和对数标量乘法可以被定义为

$$\left\{\begin{array}{l} G_1 \oplus G_2 \stackrel{\text{def}}{=} \exp \left(\log \left(G_1\right)+\log \left(G_2\right)\right) \\ \lambda \otimes G \stackrel{\text{def}}{=} \exp (\lambda \cdot \log (G))=G_\lambda \end{array}\right. \tag{7.4}$$

当只考虑张量空间上的乘法时, 它就有一个李群结构[6], 李群结构中的黎曼空间的度量可以使用欧几里得度量标准代替, 则对称矩阵之间的距离公式可以被定义为

$$d\left(G_1, G_2\right)=\left\|\log \left(G_1\right)-\log \left(G_2\right)\right\|_{\mathrm{F}} \tag{7.5}$$

7.2.3　图像高斯模型的优化

在实际应用中会发现, 平均向量跟协方差矩阵在维度上会有很大的差别, 平衡二者的作用显得尤为重要, 文献 [6] 中提出了通过引入平衡参数的方法, 平均二者的作用. 参数的具体引入算法描述如下.

输入　将 $N\left(F_i\mid\mu,\sigma\right)$ 化为对称矩阵过程中涉及的嵌入矩阵.

输出　加入平衡参数后的优化高斯模型.

步骤 1　在 π 函数中引入参数 $\beta>0$, 则新的嵌入矩阵可以表示为

$$\pi\left(\beta\right):N\left(\mu,\sigma\right)\mapsto A=\left[\begin{array}{cc}P & \beta\mu\\0^{\mathrm{T}} & 1\end{array}\right] \tag{7.6}$$

步骤 2　引入第 2 个参数 ρ 到协方差矩阵, 用来缓解最大似然估计值随着特征值的收缩增大的情况[7], 则新的协方差矩阵的特征值分解表示为

$$\sigma^{\rho}=U\mathrm{diag}\left(\lambda_i^{\rho}\right)U^{\mathrm{T}},\quad 0\leqslant\rho\leqslant 1 \tag{7.7}$$

步骤 3　将新的协方差矩阵代入嵌入矩阵, 获得优化后的嵌入矩阵表达式:

$$N\left(\mu,\sigma\right)\sim S\left(\beta,\rho\right)=\left[\begin{array}{cc}\sigma^{\rho}+\beta^2\mu\mu^{\mathrm{T}} & \beta\mu\\\beta\mu^{\mathrm{T}} & 1\end{array}\right] \tag{7.8}$$

步骤 4　计算优化后的模型距离度量公式:

$$d_{N_i,N_j}=\left\|G_i\left(\beta,\rho\right)-G_j\left(\beta,\rho\right)\right\|_{\mathrm{F}} \tag{7.9}$$

其中, N_i 和 N_j 为两个独立的高斯模型.

7.2.4　学习改进的 SVM 分类器

本章通过采用对数–欧几里得距离计算框架, 得到了基于线性空间的高斯模型匹配度量公式 (7.9), 故可以采用线性分类器对数据进行分类. 常见的线性分类器有逻辑回归、SVM、感知机、K 均值法等. 将 SVM 分类器用于本章中功能区分类具有如下优势: ① SVM 以结构化风险最小为优化目标, 相较于其他几种分类器具有更强的泛化能力; ② 家庭服务机器人的应用场景主要为室内, 功能区样本集种类有限, 而 SVM 在少量的支持向量的基础上确定的分类超平面, 其受样本数量的影响较小, 具有很好的鲁棒性; ③ 本章采用 CLM 构建的室内功能区表示模型, 相较于传统基于码本的表示方法维度较高, SVM 提供了一种规避高维空间复杂性问题的思路, 即直接用此空间的内积函数 (核函数), 结合在线性可分情况下的求解方法, 直接求解高维空间的决策问题. 基于上述考虑, 本章采用 SVM 作为最终的分类器.

给定 N 个输入图像的 SURF 特征作为训练样本, $\{x_n, n \in [1, N]\}$ 与线性 SVM (LRSVM) 联合学习的目标函数公式为

$$\max \frac{1}{\|w\|}$$
$$\text{s.t.} \quad y_i \left(w^{\mathrm{T}} x_i + b\right) \geqslant 1, \quad i = 1, \cdots, N \tag{7.10}$$

式中, w, b 是 SVM 的参数, y_n 是特征 x_n 的对应类别标签. 通过引入拉格朗日算子 α, 目标函数可以表示为

$$L(w, b, \alpha) = \frac{1}{2} \|w\|^2 - \sum_{i=1}^{n} \alpha_i \left(y_i \left(w^{\mathrm{T}} x_i + b\right) - 1\right) \tag{7.11}$$

通过分类超平面的定义, 在满足约束条件的前提下, 通过将特征矩阵 x_i 和 w 代入可以得到分类函数的表达式:

$$f(x) = \left(\sum_{i=1}^{n} \alpha_i y_i x_i\right)^{\mathrm{T}} x + b = \sum_{i=1}^{n} \alpha_i y_i \langle x_i, x \rangle + b \tag{7.12}$$

该目标函数对线性可分的数据处理能力比较强, 但对于高维空间中夹带噪声的数据区分能力较弱, 在此基础上, 对传统的 SVM 作进一步的推广改进, 得到新的拉格朗日函数为

$$L(w, b, \xi, \alpha, r) = \frac{1}{2} \|w\|^2 + C \sum_{i=1}^{n} \xi_i - \sum_{i=1}^{n} r_i \xi_i - \sum_{i=1}^{n} \alpha_i \left(y_i \left(w^{\mathrm{T}} x_i + b\right) - 1 + \xi_i\right) \tag{7.13}$$

其中, $\xi_i \geqslant 0$ 为松弛向量, 即对于特征数据 x_i 允许偏移的量. 再次将 w 和 x_i 的值代回到拉格朗日函数, 经过化简, 整个对偶问题可以表示为

$$\max_{\alpha} \sum_{i=1}^{n} \alpha_i - \frac{1}{2} \sum_{i,j=1}^{n} \alpha_i \alpha_j y_i y_j \langle x_i, x_j \rangle$$
$$\text{s.t.} \quad 0 \leqslant \alpha_i \leqslant C, i = 1, \cdots, n, \sum_{i=1}^{n} \alpha_i y_i = 0 \tag{7.14}$$

改进后的 SVM 具有线性数据和非线性数据的处理能力, 并且能够容忍噪声和野值点, 适用于室内功能区图像经过 CLM 模型表示后的高维特征数据的分类.

7.2.5　室内功能区建模算法描述

输入　5 种室内功能区的灰度级图像.

输出　室内功能区表示模型.

步骤 1　在 5 种室内功能区的灰度级图像上计算 SURF 特征描述子;

步骤 2 运用空间金字塔匹配方法[8],将功能区图像分成一些规则的区域,金字塔层数记为 L,N_l 为第 l 层的区域;

步骤 3 在每个区域上,运用最大似然法,联合平均向量和协方差矩阵,构建一个单高斯模型,并引入参数 β 和 ρ 作为平均向量和协方差矩阵平衡因子;

步骤 4 连接各区域得到的单高斯模型,每个高斯模型由 $\dfrac{1/N_l}{\displaystyle\sum_{l=1}^{L} 1/N_l}$ 进行加权,由连接后的混合高斯模型表示整体的功能区图像;

步骤 5 由混合高斯模型表示的整体功能区图像数据,联合 SVM 训练用于功能区图像的分类器.

7.3   在线检测算法

为了验证本章方法的可靠性和实用性,选取新的图片作为测试集对模型进行匹配检验.

输入 5 种室内功能区的灰度级图像.

输出 室内功能区分类准确率及其分类混淆矩阵.

步骤 1 选取不同于训练集的 5 种室内功能区图像各 20 张组成测试集,并在功能区灰度级图像上计算 SURF 特征描述子,为了确保协方差矩阵是正定的,设置图像的宽度和高度的最小尺寸为 64;

步骤 2 在室内功能区图像上依照离线训练阶段基于 CLM 模型的建模方法,构建测试集中是室内功能区的图像表示模型;

步骤 3 将室内功能区的图像表示模型分别送入 SVM 分类器进行分类检验,得到各自的分类准确率、分类效率以及分类混淆矩阵.

7.4   实   验

7.4.1   实验数据集

本章采用 Scene 15 数据集,针对家庭服务机器人室内服务环境分类问题验证所提出的模型的性能. 该数据集收集了包括室内和室外共 15 种场景,室内场景有卧室 (bedroom)、厨房 (kitchen)、客厅 (living room)、办公室 (PAR office)、商店 (store) 5 五种场景. 考虑到家庭服务机器人工作于室内环境,故本章在该数据集中的 5 种室内场景上检验本章提出的模型的性能. 在该数据集的 5 种室内场景数据中,每种场景都包含 200 多张不同格局布置的图像,是目前研究室内场景分类判别问题比较理想的数据集. 本章每种场景分别选取 40 张图像作为训练集, 20 张图像组成测试集. 5 种场景的示例图片如图 7.2 所示.

图 7.2　5 种室内场景示例

7.4.2　实验结果及分析

本章采用 SURF 特征提取算法计算图像的特征描述符. 将 SURF 特征与图像的位置信息、尺度信息、梯度信息[9] 和熵进行联合, 构建了图像的高斯模型表示. 所有的算法都用 MATLAB 编写, 运行在配备 i5-4590 CPU 和 8GB 内存的 PC 机上.

从表 7.1 给出的实验结果中可分析得出以下结论: 对于 5 种场景的分类情况, 本章所使用的 CLM 模型对每类场景的分类准确率与分类效率都高于文献 [10] 和文献 [3] 的方法. 对比文献 [10] 的方法, 由于本章方法省去了视觉词典的构建以及码本的编码过程, 因此模型的构建速度得到了大幅度提升, 且降低了对计算设备的配置要求, 更具实用性和推广性. 文献 [3] 首先采用 SIFT 特征提取算法计算图像的多尺度特征, 其次加入了背景滤波的方法对图像特征加以筛选, 然后基于 CLM 模型表示图像, 最后采用低秩变换 SVM 进行分类. 对比文献 [3] 采用的方法, 首先, 本章采用 SURF 算法计算图像底层特征, 在很大程度上降低了特征的维度计算, 此外, 鉴于采用低秩变换后的 SVM 会丢失图像信息, 降低分类精确率, 故本章并未采用低秩变换.

表 7.1　本章算法与其他算法的性能对比分析

方法	单类分类准确率/%					平均准确率/%	样本分类平均时间/s
	卧室	厨房	客厅	办公室	商店		
文献 [10] 方法	65.00	60.00	70.00	65.00	95.00	71.00	0.36
本章方法	95.00	80.00	95.00	86.67	98.33	91.04	0.36
文献 [3] 方法	95.00	75.00	98.33	73.33	93.33	87.00	0.51

　　图 7.3 给出了一次实验的分类混淆矩阵, 图 7.3(a) 是 BOW 模型与 SVM 相结合的分类结果, 图 7.3(b) 是 CLM 模型与 SVM 相结合的分类结果, 可以看出使用 BOW 模型时室内场景的分类混淆情况是比较严重的, 而本章采用的方法具有很好的鲁棒性.

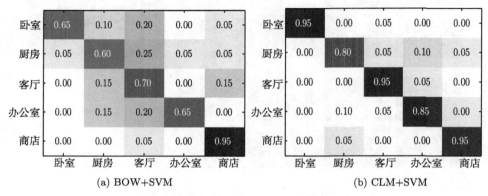

(a) BOW+SVM　　　　　　　　　　　　　　(b) CLM+SVM

图 7.3　不同模型下的分类混淆情况对比

　　分类器的选择与分类结果是相互耦合的关系, 所以为了验证本章采用的分类器的合理性, 本章做了进一步的验证实验, 分别对比了 AdaBoost 分类器、随机森林分类器和本章所用的 SVM 分类器的性能. 从表 7.2 的实验结果来看, 无论是在基于 BOW 模型的场景分类实验中, 还是在本章提出的模型实验中, 分类器的不同会对分类准确率和分类效率产生明显的影响. 本章使用的分类方法分类准确率理想、分类效率高, 满足了服务机器人实时自主作业的要求.

表 7.2　不同分类器下的分类结果对比分析

方法	单类分类准确率/%					平均准确率/%	样本分类平均时间/s
	卧室	厨房	客厅	办公室	商店		
文献 [10] 方法	65.00	60.00	70.00	65.00	95.00	71.00	0.36
文献 [10] 方法 +AdaBoost 分类器	45.00	30.00	60.00	60.00	70.00	53.00	0.40
本章方法	95.00	80.00	95.00	86.67	98.33	91.04	0.36
本章方法 +AdaBoost 分类器	96.67	83.33	83.33	66.67	91.67	84.33	142.27
本章方法 + 随机森林分类器	90.00	68.33	93.33	80.00	93.33	85.00	668.80

7.5　本 章 小 结

　　本章在以 SURF 特征为底层特征的基础上, 不再采取传统的基于词袋理论构建图像表示模型的研究思路, 而是采用无码本构建过程的 CLM 模型, 并将其与改进的 SVM 分类器联合使用, 展开了对室内场景的分类研究. 在 Scene 15 数据集上对本章方法进行性能评估, 实验结果显示本章方法大幅度提高了室内功能区场景的分类准确性, 实现了家庭服务机器人对室内服务环境进行分类的研究目标. 相对于备受青睐的深度学习算法, 本章之所以选择较为传统的算法, 主要出于以下几点考虑: 首先, 本章研究围绕服务机器人室内功能区认知问题展开, 考虑到深度学习算法对硬件设备的需求较高 (往往需要高性能 GPU 的支持), 无疑会导致机器人成本的提高, 本章方法在满足服务机器人功能区认知需求的同时, 对机器人硬件配置要求较低, 普通 CPU 下即可保证实时运行, 具有更好的实用性和推广性; 其次, 深度学习需要大量的训练集作为数据支撑, 当室内功能区训练图像的种类和样本有限时, 传统方法更有优势. 本课题组下一步工作是继续优化模型性能, 以期在较低的硬件配置要求下, 进一步提高家庭服务机器人的服务环境认知能力和人机共融程度.

参 考 文 献

[1] 吴培良, 李亚南, 杨芳, 等. 一种基于 CLM 的服务机器人室内功能区分类方法 [J]. 机器人, 2018, 40(2): 188-194.

[2] Na Y, Liao M M, Jung C. Super-speed up robust features image geometrical registration algorithm[J]. IET Image Processing, 2016, 10(11): 848-864.

[3] Wang Q L, Li P H, Zhang L, et al. Towards effective codebookless model for image classification[J]. Pattern Recognition, 2016, 59(S1): 63-71.

[4] Lovric M, Min-Oo M, Ruh E A. Multivariate normal distributions parametrized as a Riemannian symmetric space[J]. Journal of Multivariate Analysis, 2000, 74(1): 36-48.

[5] Amari S. Differential geometry of statistical models[M]. Lecture Notes in Statistics, vol.28. Berlin: Springer-Verlag, 1985: 11-65.

[6] Pennec X. Probabilities and statistics on Riemannian manifolds: A geometric approach[R]. Nice, France: INRIA, 2004.

[7] Stein C. Lectures on the theory of estimation of many parameters[J]. Journal of Mathematical Sciences, 1986, 34(1): 1373-1403.

[8] Song Y, Li Q, Huang H, et al. Low dimensional representation of Fisher vectors for microscopy image classification[J]. IEEE Transactions on Medical Imaging, 2017, 36(8): 1636-1649.

[9] Carreira J, Caseiro R, Batista J, et al. Free-form region description with second-order pooling[J]. IEEE Transactions on Pattern Analysis and Machine Intelligence, 2015, 37(6): 1177-1189.

[10] Lazebnik S, Schmid C, Ponce J. Beyond bags of features: Spatial pyramid matching for recognizing natural scene categories[C]. IEEE Computer Society Conference on Computer Vision and Pattern Recognition. Piscataway, USA: IEEE, 2006: 2169-2178.

第8章　服务机器人家庭全息地图表示与构建

在移动式服务机器人研究领域中,环境地图是对机器人工作环境的抽象化描述,是机器人感知并适应环境,继而完成路径规划和定位导航,并最终提供特定服务的依据. 我们把融合家庭全局空间及其中目标资源分布和动态变化的环境称为服务机器人的全息家庭环境,记录全息家庭环境信息的地图称为服务机器人的家庭全息地图[1-5]. 这里,"全息"体现了两个层次的含义:第一,全息地图记录了环境及其中目标的空间分布信息;第二,全息地图记录了环境及其中目标的动态变化信息. 本章设计局部几何–全局拓扑的全息地图分层表示模型,并给出基于坐标变换的服务机器人全息地图构建方法.

8.1　家庭全息地图的表示

我们借鉴传统几何–拓扑地图的思想,并对其进行改进以适于描述融合家庭环境及其中目标分布的家庭全息地图. 全息地图采用如下的局部几何–全局拓扑两层结构.

局部层面上,局部几何地图分别由局部环境地图和目标信息构成;

全局层面上,在传统拓扑地图基础上引入目标拓扑节点及其拓扑边的概念,即将拓扑节点分为环境节点和目标节点两种,其中环境节点对应局部环境特征模型及其数据,目标节点对应目标过完备特征集模型及其数据. 由于拓扑节点分别表征局部环境或目标,因此分两种情况定义拓扑边:① 当拓扑边连接两个环境节点时,该拓扑边表征两个局部环境地图之间的可达路径信息,以供机器人路径规划;② 当拓扑边连接目标节点和环境节点时,该拓扑边表征目标节点相对于环境节点的空间位姿信息,以供机械臂操作规划.

家庭全息地图的公式表述如下:

$$\mathcal{M} = \{\mathcal{V}, \mathcal{E}\} \tag{8.1}$$

$$\mathcal{V} = \mathcal{V}_{e} \bigcup \mathcal{V}_{o} = \{v_1, v_2, \cdots, v_m, \cdots, v_M\} \tag{8.2}$$

$$v_m = \begin{cases} \{\mathcal{H}, L_m\}, & v_m \in \mathcal{V}_e \\ \{\mathcal{F}, G_m\}, & v_m \in \mathcal{V}_o \end{cases} \tag{8.3}$$

$$\mathcal{E} = \mathcal{E}_e \bigcup \mathcal{E}_o = \{e_0, e_1, \cdots, e_n, \cdots, e_N\} \tag{8.4}$$

$$
e_n = \begin{cases} \{v_i v_j, S_{ij}, w_{ij}\}, & v_i \in \mathcal{V}_e,\ v_j \in \mathcal{V}_e \\ \{v_i v_j, P_{ij}, k_{ij}\}, & v_i \in \mathcal{V}_o,\ v_j \in \mathcal{V}_e \end{cases} \tag{8.5}
$$

式中，$\mathcal{M}$ 为家庭全息地图的全局拓扑表示. $\mathcal{V}$ 表示拓扑节点集，由环境拓扑节点集合 $\mathcal{V}_e$ 和目标拓扑节点集合 $\mathcal{V}_o$ 的并集构成. 对于 $\mathcal{V}$ 中的拓扑节点 v_m，若 v_m 为环境拓扑节点，有局部几何地图模型 $\mathcal{H}$ 和该局部几何地图的特征数据 L_m 与之绑定；若 v_m 为目标拓扑节点，则有目标过完备特征集模型 $\mathcal{F}$ 和该目标的过完备特征集数据 G_m 与之绑定. $\mathcal{E}$ 表示拓扑边集，由连接环境–环境拓扑节点的拓扑边集合 $\mathcal{E}_e$ 和连接目标–环境拓扑节点的拓扑边集合 $\mathcal{E}_o$ 的并集构成. 对于 $\mathcal{E}$ 中的每一条边 e_n，当 e_n 连接两个环境拓扑节点 v_i 和 v_j 时，有表示节点 v_i 和 v_j 之间通路的说明序列 S_{ij} 和表示两节点所对应环境坐标系间位姿关系的参数 w_{ij} 与之对应；当 e_n 连接目标拓扑节点 v_i 和环境拓扑节点 v_j 时，有表示节点 v_i 和 v_j 之间相对关系的说明序列 P_{ij} 和表示目标在环境坐标系中空间位姿的参数 k_{ij} 与之对应.

直观起见，图 8.1 给出了一个简易的家庭全息地图实例来描述典型家庭场景，选择走廊路口、房门和水杯三种常见环境特征或机器人操作目标构建局部几何地图. 从局部几何地图中提取拓扑节点，将一系列拓扑节点按照一定的拓扑结构组织起来构成全局拓扑地图.

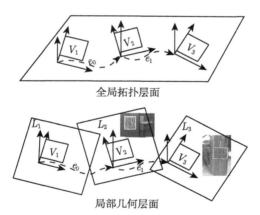

图 8.1   几何–拓扑两层结构的家庭全息地图实例

8.2   家庭全息地图的构建

8.2.1   机器人观测模型

我们所用家庭服务机器人主体为一台 Pioneer II 型移动机器人，为其配备了一套由 PTZ 摄像机和手眼摄像机组成的双目系统，机械手系统安装在机器人顶部以获得较大的操作空间, 采用 Logitech S5500 作为手眼摄像机固定安装在机械手末端平台, 该摄像机直接通过 USB 2.0 接口连接到机器人主机上. PTZ 摄像机采用 Canon VC-C4, 通过图像采集卡连接到机器人的主机上.

除双目视觉外, 机器人还配备了里程仪作为内部传感器, 激光测距仪作为外部传感器. 激光测距仪选用德国 SICK 公司的 LMS200, 通过 RS-232 串行口与机器人主控板连接, 最高数据传输率可达 500kbaud, 距离分辨率为 10mm.

8.2.1.1　机器人双目视觉观测模型

不失一般性, 以机械手基座坐标系作为机器人坐标系 C_R, 假设坐标系 C_R 中目标点 Obj 的齐次坐标为 $X_\mathrm{OR} = [\,x_\mathrm{OR}\ \ y_\mathrm{OR}\ \ z_\mathrm{OR}\ \ 1\,]^\mathrm{T}$, 空间点 Obj 在手眼摄像机和 PTZ 摄像机上的像点齐次坐标分别为 $m_1 = [\,u_\mathrm{h}\ \ v_\mathrm{h}\ \ 1\,]^\mathrm{T}$ 和 $m_2 = [\,u_\mathrm{P}\ \ v_\mathrm{P}\ \ 1\,]^\mathrm{T}$, 两摄像机均采用小孔成像模型, 其成像过程由下列方程表示:

$$\lambda_1 m_1 = [\,K_1\ \ 0\,] \begin{bmatrix} R_\mathrm{e1} & t_\mathrm{e1} \\ 0^\mathrm{T} & 1 \end{bmatrix} X_\mathrm{OR} \tag{8.6}$$

$$\lambda_2 m_2 = [\,K_2\ \ 0\,] \begin{bmatrix} R_\mathrm{e2} & t_\mathrm{e2} \\ 0^\mathrm{T} & 1 \end{bmatrix} X_\mathrm{OR} \tag{8.7}$$

式中, 0 为 3×1 的零向量, K_1 和 K_2 分别为手眼摄像机和 PTZ 摄像机的内参矩阵, 可离线标定. $[\,R_\mathrm{e1}\ \ t_\mathrm{e1}\,]$ 和 $[\,R_\mathrm{e2}\ \ t_\mathrm{e2}\,]$ 分别为两摄像机相对于机器人坐标系的外参矩阵, 其计算过程如下:

对于手眼摄像机, 机械手基座坐标系 (即机器人坐标系) 到机械手末端平台坐标系的变换矩阵 $[\,R_\mathrm{a}\ \ t_\mathrm{a}\,]$ 可通过由机械手控制器直接读出, 机械手末端平台坐标系与手眼摄像机坐标系之间的手眼关系矩阵 $[\,R_1\ \ t_1\,]$ 为一定值, 故可通过离线标定, 则手眼摄像机在机器人坐标系下的外参数矩阵 $[\,R_\mathrm{e1}\ \ t_\mathrm{e1}\,]$ 可由下式得到

$$[\,R_\mathrm{e1}\ \ t_\mathrm{e1}\,] = [\,R_1\ \ t_1\,][\,R_\mathrm{a}\ \ t_\mathrm{a}\,] \tag{8.8}$$

对于 PTZ 摄像机, 机械手基座坐标系与 PTZ 云台坐标系的变换矩阵 $[\,R_\mathrm{b}\ \ t_\mathrm{b}\,]$ 为一定值. 不妨假设 PTZ 摄像机满足以下两个条件: ① 旋转中心和光心重合; ② Pan 和 Tilt 的旋转轴正交. 基于此, PTZ 云台坐标系与 PTZ 摄像机坐标系的变换矩阵为 $[\,R_2\ \ t_2\,]$, 其中

$$R_2 = \begin{bmatrix} \cos\theta_\mathrm{P} & 0 & \sin\theta_\mathrm{P} \\ -\sin\theta_\mathrm{P}\sin\theta_\mathrm{T} & \cos\theta_\mathrm{T} & \cos\theta_\mathrm{P}\sin\theta_\mathrm{T} \\ -\sin\theta_\mathrm{P}\cos\theta_\mathrm{P} & -\sin\theta_\mathrm{T} & \cos\theta_\mathrm{P}\cos\theta_\mathrm{T} \end{bmatrix}, \quad t_2 = [\,0\ \ 0\ \ 0\,]^\mathrm{T} \tag{8.9}$$

式中, θ_{P} 和 θ_{T} 分别为 PTZ 摄像机绕云台坐标系的 x 轴摆动 (pan) 和 y 轴俯仰 (tilt) 的角度, 其值可由云台控制器直接读出. 故 PTZ 摄像机在机器人坐标系下的外参数矩阵可由下式得到:

$$\begin{bmatrix} R_{\mathrm{e}2} & t_{\mathrm{e}2} \end{bmatrix} = \begin{bmatrix} R_2 & t_2 \end{bmatrix}\begin{bmatrix} R_{\mathrm{b}} & t_{\mathrm{b}} \end{bmatrix} \tag{8.10}$$

为统一起见, 将机器人的双目视觉观测模型用如下概率形式表示:

$$p\left(z_{g,t}|s_t, \theta_t\right) = g\left(s_t, \theta_t\right) + \varepsilon_{g,t} \tag{8.11}$$

式中, $g\left(s_t, \theta_t\right)$ 为式 (8.6) 和 (8.7) 的理想观测模型, $\varepsilon_{g,t}$ 为服从 $N\left(0, Q_{g,t}\right)$ 分布的高斯白噪声.

8.2.1.2　机器人激光测距仪观测模型

激光测距仪获取的扫描数据可以用极坐标和笛卡儿坐标两种形式表示. 极坐标表示为

$$u_n = (r_n, \phi_n)^{\mathrm{T}}, \quad n = 1, \cdots, N \tag{8.12}$$

笛卡儿坐标表示为

$$X_n = (x_n, y_n)^{\mathrm{T}}, \quad n = 1, \cdots, N \tag{8.13}$$

式中, N 为扫描数据点个数. 两种坐标系之间的转换关系为

$$\begin{cases} x_n = r_n \cos \phi_n \\ y_n = r_n \sin \phi_n \end{cases} \tag{8.14}$$

为统一起见, 将机器人激光测距仪观测模型用如下概率形式表示:

$$p\left(z_{d,t}|s_t, \theta_t\right) = d\left(s_t, \theta_t\right) + \varepsilon_{d,t} \tag{8.15}$$

式中, $d\left(s_t, \theta_t\right)$ 为式 (8.14) 的理想观测模型, $\varepsilon_{d,t}$ 为服从 $N\left(0, Q_{d,t}\right)$ 分布的高斯白噪声.

8.2.2　局部几何特征地图的构建

在全息地图的几何-拓扑结构中, 局部层面上几何地图由目标过完备特征集和局部环境地图构成. 下面基于机器人自定位结果进行局部环境地图的构建.

我们采用环境中的点特征、线段特征、路口和拐角作为局部环境特征模型 $\mathcal{H}$ 表征局部环境地图, 即

$$\mathcal{H} = \{\text{Point}, \text{Line}, \text{Cross}, \text{Corner}\} \tag{8.16}$$

局部环境地图中, 点特征主要结合机器人自定位结果及其双目视觉的观测来构建; 而线段、路口和拐角等特征 (这里统称为线特征) 则主要结合机器人自定位结果及其激光测距仪的观测来构建.

8.2.2.1　局部环境地图中机器人自定位

在局部地图中，以构建局部地图的初始时刻的机器人坐标系作为局部地图坐标系，由于机器人运动在与地面平行的水平面上，简化起见，设定机器人坐标系 C_R 和局部环境地图坐标系 C_L 的 z 轴均竖直向上，且两坐标系的 x-y 坐标平面重合，则机器人坐标系 C_R 相对于当前局部环境地图坐标系 C_L 仅存在沿 x-y 坐标平面内的平移和绕 z 轴的旋转. 若 C_R 相对于 C_L 的位姿参数用 $[\,R_{RL}\quad t_{RL}\,]$ 表征，则有

$$R_{RL} = \begin{bmatrix} \cos\theta_{RL} & -\sin\theta_{RL} & 0 \\ \sin\theta_{RL} & \cos\theta_{RL} & 0 \\ 0 & 0 & 1 \end{bmatrix}, \quad t_{RL} = [\,x_{RL}\quad y_{RL}\quad 0\,]^{\mathrm{T}} \qquad (8.17)$$

式中，x_{RL}，y_{RL} 分别为坐标系 C_R 的原点在坐标系 C_L 中的 x 坐标和 y 坐标，θ_{RL} 为坐标系 C_R 相对于坐标系 C_L 绕 z 轴旋转的角度. 为保持表述的一致性，此后将 C_R 相对于 C_L 的位姿参数 $[\,R_{RL}\quad t_{RL}\,]$ 用 $[\,R_{RL}(\theta_{RL})\quad t_{RL}(x_{RL}, y_{RL})\,]$ 表示.

在线阶段，利用实时获取的环境特征与离线建立的局部环境地图坐标系中的特征进行匹配，进而求解机器人坐标系 C_R 与所在局部环境坐标系 C_L 之间的位姿参数 $[\,R_{RL}(\theta_{RL})\quad t_{RL}(x_{RL}, y_{RL})\,]$，此即为机器人自定位，这也是后续全局拓扑地图构建的关键.

8.2.2.2　基于双目主动视觉的环境点特征估计

由于激光测距仪对其观测范围内点特征的感知往往比较困难，因此局部环境地图中的点特征的构建主要通过双目视觉来完成. 从概率论的角度来看，可以将该问题看作在已知机器人轨迹 $s^t = \{s_i\}_{i=1,\cdots,t}$，以及机器人双目主动视觉对 N 个空间点的观测序列 $z_g^t = \{z_g^{(n)}\}_{n=1,\cdots,N}$ 的条件下，对由 N 个空间点所构成集合 $\Theta = \{\theta_n\}_{n=1,\cdots,N}$ 的联合后验概率估计问题. 假定 $t-1$ 时刻第 n 个空间点位置用均值和方差表示为 $\theta_{n,t-1} = \{\mu_{n,t-1}, \sigma_{n,t-1}\}$，则 t 时刻该空间点位置信息是否更新取决于该空间点是否仍然在机器人观测范围内. 如果该空间点超出机器人观测范围，则有 $\{\mu_{n,t}, \sigma_{n,t}\} = \{\mu_{n,t-1}, \sigma_{n,t-1}\}$；否则，即 t 时刻该空间点仍处于机器人感知范围内，以机器人轨迹 s^t 及其观测值序列 z_g^t 为条件估计空间点的条件概率分布 $p(\theta_t | s^t, z_g^t, u^t)$. 根据贝叶斯公式和马尔可夫定理可知

$$p(\theta_t | s^t, z_g^t, u^t) \overset{\text{Bayesian}}{\propto} p(z_g^t | \theta_t, s^t, z_g^{t-1}, u^t)\, p(\theta_t | s^t, z_g^{t-1}, u^t)$$

$$\xrightarrow{\text{Markov}} \underbrace{p(z_g^t | \theta_t, s_t)}_{\sim N(g(\theta_t, \delta_t), R_{\theta,t})}\, \underbrace{p(\theta_t | s^{t-1}, z_g^{t-1}, u^{t-1})}_{\sim N(\mu_{\theta,t-1}^{(i)}, \sigma_{\theta,t-1})} \qquad (8.18)$$

式中, $p\left(z_g^t|\theta_t,s_t^{(i)}\right)$ 为机器人对空间点的观测模型 $g\left(\cdot\right)$. 由于 $g\left(\cdot\right)$ 为非线性函数, 根据式 (8.18) 难以直接得到目标估计. 将 $g\left(\cdot\right)$ 进行一阶泰勒 (Taylor) 展开, 得到

$$g\left(\theta_t,s_t\right)\approx\hat{z}_{g,t}+G_\theta\left(\theta_t-\mu_{\theta,t-1}\right) \tag{8.19}$$

式中, $\hat{z}_{g,t}=g\left(\mu_{\theta,t-1},s_t\right)$ 是所预测的机器人观测值, 矩阵 G_θ 是 $g\left(\cdot\right)$ 对应于 θ_t 的雅可比 (Jacobian) 矩阵:

$$G_\theta=\nabla_{\theta_t}g\left(\theta_t,s_t\right)|_{\theta_t=\mu_{\theta,t-1}^{(i)}} \tag{8.20}$$

则 $p\left(\theta_t|s^t,z_g^t,u^t\right)$ 可近似为高斯分布, 利用 EKF 算法估计空间点位置的均值 $\mu_{\theta,t}$ 和协方差 $\sigma_{\theta,t}$:

$$\mu_{\theta,t}=\mu_{\theta,t-1}+K_{g,t}\left(z_{g,t}-\hat{z}_{g,t}\right),\quad \sigma_{\theta,t}=\left(I-K_{g,t}G_\theta\right)\sigma_{\theta,t-1} \tag{8.21}$$

$$K_{g,t}=\sigma_{\theta,t-1}G_\theta^{\mathrm{T}}\left(Q_{g,t}+G_\theta\sigma_{\theta,t-1}G_\theta^{\mathrm{T}}\right) \tag{8.22}$$

用 $\mu_{\theta,t}$ 和 $\sigma_{\theta,t}$ 更新相应的空间点位置.

至此, 得到了局部环境地图中点特征的空间坐标.

8.2.2.3 基于激光测距仪的环境线特征估计

在现有的应用中, 线段一直以来被用于表示平面表面[2], 在家庭室内环境中, 线段特征作为最优特征, 能对家庭环境的布局结构进行有效的描述. 因此, 下面以线段特征的提取为例加以说明. 考虑到激光测距仪对线特征提取的优势, 这里线特征提取主要基于激光测距仪来进行.

线段特征的提取是将被测的传感器数据与期望特征的预定描述进行比较和匹配的过程. 由于传感器的测量存在一定的误差, 特征提取往往被视为估计和优化问题. 我们在局部环境内提取线段特征, 并获取线段的参数作为其特征描述符. 具体地, 在局部环境内提取线段特征分两步完成: 首先针对局部环境内实时扫描的距离数据提取线段点集, 然后通过点聚类并利用最小二乘法估计线段参数.

(1) 局部环境内提取线段点集. 局部环境内的点集主要有两种情况: 一种是由若干不连续的点集构成, 但是此时点集的间断要小于对整个扫描点集分割时形成各个局部环境的间断; 另外一种是点集对应一条折线, 需要进一步分割成若干线段, 然后分别对每个线段处理. 我们采用迭代端点拟合 (iterative end point fit, IEPF) 完成局部环境内线段点集的提取[6]. 下面简单介绍该方法.

根据扫描点集的起点 $\left[\begin{matrix}x_\mathrm{s} & y_\mathrm{s}\end{matrix}\right]$ 和终点 $\left[\begin{matrix}x_\mathrm{e} & y_\mathrm{e}\end{matrix}\right]$ 得到一条直线 L, 计算所有其他点 $\left[\begin{matrix}x_i & y_i\end{matrix}\right]$ 到 L 的距离并找出其中最大值. 这里假设在 $\left[\begin{matrix}x_\mathrm{a} & y_\mathrm{a}\end{matrix}\right]$ 处取得最大值为 d_a, 如果 $d_\mathrm{a}>d_\mathrm{max}$,($d_\mathrm{max}$ 为设定的阈值), 则以 $\left[\begin{matrix}x_\mathrm{a} & y_\mathrm{a}\end{matrix}\right]$ 为分割点把原点集分为

两个子集 P' 和 P''，$p' = \{[\,x_s \quad y_s\,], \cdots, [\,x_a \quad y_a\,]\}$，$p'' = \{[\,x_a \quad y_a\,], \cdots, [\,x_e \quad y_e\,]\}$，然后以 P' 和 P'' 为起始点集迭代进行前面的计算过程，直到所有点到所在点集构成直线的距离都不大于 $d_{\max}$ 时停止迭代，图 8.2 直观地描述了 IEPF 算法的迭代过程.

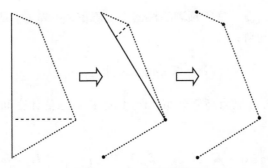

图 8.2　IEPF 算法图解

(2) 线段参数的估计. 在局部环境内提取出每条线段对应的点集后，将这些数据点用最小二乘法进行线段拟合，从而估计出线段的参数.

假设线段在机器人坐标系下的方程为 $y = a_k x + b_k$，线段点集内有 n_k 个点，每个点的坐标为 $[\,x_i \quad y_i\,]$，根据最小二乘法的需要，构造如下几个表达式：

$$S_x^k = \sum_{i=1}^{n_k} x_i, S_y^k = \sum_{i=1}^{n_k} y_i, S_{xx}^k = \sum_{i=1}^{n_k} x_i^2$$
$$S_{yy}^k = \sum_{i=1}^{n_k} y_i^2, S_{xy}^k = \sum_{i=1}^{n_k} x_i y_i \tag{8.23}$$

由最小二乘法，得

$$a_k = \frac{n_k S_{xy}^k - S_x^k S_y^k}{n_k S_{xx}^k - (S_x^k)^2} \tag{8.24}$$

$$b_k = \frac{S_x^k S_y^k - S_x^k S_{xy}^k}{n_k S_{xx}^k - (S_x^k)^2} \tag{8.25}$$

下面给出参数 a_k，b_k 的协方差矩阵. 令 $[\,a_k \quad b_k\,]^{\mathrm{T}} = h(x_i, y_i)$，$J_i = \nabla h$ 为 h 对每个点坐标 $[\,x_i \quad y_i\,]$ 的雅可比矩阵，由误差传递公式，得参数 a_k，b_k 的协方差矩阵为

$$C_d = \begin{bmatrix} \sigma_{a_k a_k} & \sigma_{a_k b_k} \\ \sigma_{b_k a_k} & \sigma_{b_k b_k} \end{bmatrix} = \sum_{i=1}^{n} J_i Q_{d,t} J_i^{\mathrm{T}} \tag{8.26}$$

式中，$J_i = \begin{bmatrix} \dfrac{\partial a_k}{\partial x_i} & \dfrac{\partial a_k}{\partial y_i} \\[2mm] \dfrac{\partial b_k}{\partial x_i} & \dfrac{\partial b_k}{\partial y_i} \end{bmatrix}$.

至此，我们在考虑激光测距仪观测误差的基础上，获得了机器人坐标系下的线段参数，通过坐标变换将其转换到局部环境地图坐标系并作为线段的特征描述符.

采用同样的方法可以获得路口和拐角特征在局部环境地图中的特征描述.

8.2.3 全局拓扑地图的构建

在构建出目标过完备特征集和局部环境地图之后，需要将其映射为全局拓扑层面上的相应拓扑节点. 广义 Voronoi 图 (generalized voronoi graph, GVG) 易于描述室内结构化环境[7]，其节点对应于走廊的交叉口或者一个开放的区域 (如房间、电梯等). 我们采用 GVG 模型来描述全息地图，不同之处在于其拓扑节点由环境节点和目标节点构成，环境节点仍对应交叉路口或开放区域，目标节点则从家庭常见目标提取得到.

对于拓扑地图中的某一环境或目标拓扑节点，按照一定准则将该拓扑节点与地图中其他已建拓扑节点连接起来，即构建拓扑边，包括环境–环境拓扑边的构建和目标–环境拓扑边的构建.

8.2.3.1 环境–环境拓扑边的构建

从运动空间上看，机器人运动空间可以近似看作与地表平行的二维平面，通过坐标变换得到环境拓扑节点间的拓扑边，以及表示二维平面内通路关系的说明序列和记录两局部环境地图坐标系的相对位姿参数. 环境–环境拓扑边由机器人的里程仪运动模型得到.

假设在 t_i 时刻，机器人处于由环境拓扑节点 v_m 表征的局部环境地图 L_m 中，此时机器人坐标系 $C_{\mathrm{R}i}$ 相对于 L_m 的坐标系 $C_{\mathrm{L}m}$ 的位姿参数 $[R_{\mathrm{R}i\mathrm{L}m}(\theta_{\mathrm{R}i\mathrm{L}m})\ t_{\mathrm{R}i\mathrm{L}m}(x_{\mathrm{R}i\mathrm{L}m}, y_{\mathrm{R}i\mathrm{L}m})]$ 已通过上面计算得到. 在 $t_j\,(j > i)$ 时刻，机器人运动到由环境拓扑节点 v_n 表征的局部环境地图 L_n 中，且此时机器人坐标系 $C_{\mathrm{R}j}$ 相对于 L_n 坐标系 $C_{\mathrm{L}n}$ 的位姿参数 $[R_{\mathrm{R}j\mathrm{L}n}(\theta_{\mathrm{R}j\mathrm{L}n})\ t_{\mathrm{R}j\mathrm{L}n}(x_{\mathrm{R}j\mathrm{L}n}, y_{\mathrm{R}j\mathrm{L}n})]$ 也已通过上面计算得到. 以坐标系 $C_{\mathrm{L}m}$ 为基准坐标系，θ_k 为 $t_k\,(i \leqslant k \leqslant j-1)$ 时刻机器人相对于基准坐标系的航向角，s_k 为 t_k 到 t_{k+1} 时刻机器人行驶距离，$\Delta\theta_k$ 为 t_k 到 t_{k+1} 时刻机器人航向角的变化量，其值可从里程仪读出. 机器人坐标系 $C_{\mathrm{R}j}$ 相对于局部地图 L_m 坐标系 $C_{\mathrm{L}m}$ 的位姿 $[R_{\mathrm{R}j\mathrm{L}m}(\theta_{\mathrm{R}j\mathrm{L}m})\ t_{\mathrm{R}j\mathrm{L}m}(x_{\mathrm{R}j\mathrm{L}m}, y_{\mathrm{R}j\mathrm{L}m})]$ 则可通过如下航迹推算公式得到：

$$x_{\mathrm{R}j\mathrm{L}m} = x_{\mathrm{R}i\mathrm{L}m} + \sum_{k=i}^{j-1} s_k \cos\theta_k \tag{8.27}$$

$$y_{\mathrm{R}jLm} = y_{\mathrm{R}iLm} + \sum_{k=i}^{j-1} s_k \sin\theta_k \qquad (8.28)$$

$$\theta_{\mathrm{R}jLm} = \theta_{\mathrm{R}iLm} + \sum_{k=i}^{j-1} \Delta\theta_k \qquad (8.29)$$

与式 (8.17) 类似, 环境拓扑节点 v_n 到 v_m 之间拓扑边的参数 (即局部环境几何地图 L_n 到 L_m 的位姿关系) w_{nm} 可记为 $[\,R_{LnLm}(\theta_{LnLm})\ \ t_{LnLm}(x_{LnLm}, y_{LnLm})\,]$, 其公式表示形式如下:

$$R_{LnLm} = \begin{bmatrix} \cos\theta_{LnLm} & -\sin\theta_{LnLm} & 0 \\ \sin\theta_{LnLm} & \cos\theta_{LnLm} & 0 \\ 0 & 0 & 1 \end{bmatrix}, \quad t_{LnLm} = [\,x_{LnLm} \quad y_{LnLm} \quad 0\,]^{\mathrm{T}}$$

$$\qquad (8.30)$$

式中, x_{LnLm}, y_{LnLm} 分别为坐标系 C_{Lm} 的原点在坐标系 C_{Ln} 中的 x 坐标和 y 坐标, θ_{LnLm} 为坐标系 C_{Lm} 相对于坐标系 C_{Ln} 绕 z 轴旋转的角度. x_{LnLm}, y_{LnLm} 和 θ_{LnLm} 通过如下坐标变换得到

$$x_{LnLm} = x_{\mathrm{R}jLm} - \sqrt{x_{\mathrm{R}jLn}^2 + y_{\mathrm{R}jLn}^2}\,\cos(\alpha + \theta_{LnLm}) \qquad (8.31)$$

$$y_{LnLm} = y_{\mathrm{R}jLm} - \sqrt{x_{\mathrm{R}jLn}^2 + y_{\mathrm{R}jLn}^2}\,\sin(\alpha + \theta_{LnLm}) \qquad (8.32)$$

$$\theta_{LnLm} = \theta_{\mathrm{R}jLm} - \theta_{\mathrm{R}jLn} \qquad (8.33)$$

式中, $\alpha = \arctan(y_{\mathrm{R}j}/x_{\mathrm{R}j})$.

8.2.3.2　目标–环境拓扑边的构建

利用平面扫描式激光测距仪难以定位分布在三维空间中的操作目标, 故空间目标定位主要通过机器人双目主动视觉完成. 当机器人能够从目标所在局部环境到达并操作该目标时, 建立连接目标节点与所在环境节点的拓扑边, 以及描述两个节点间的空间位置关系的说明序列和记录目标在局部环境坐标系下的空间位置参数.

基于机器人双目主动视觉的目标–环境拓扑边构建, 即获取地图坐标系下的目标位姿信息, 具体过程分为三个步骤: 首先, 利用机器人双目主动视觉, 得到目标兴趣点在机器人坐标系下的空间位置坐标; 然后, 通过兴趣点的 SIFT 特征匹配, 得到已定位目标兴趣点在过完备特征集的编号, 通过至少 10 组兴趣点对, 计算目标在机器人坐标系下的位姿参数; 最后, 通过坐标变换将目标位姿从机器人坐标系转换到局部环境地图坐标系中.

假设在 t_i 时刻, 机器人坐标系 C_{Ri} 相对于其所在局部环境地图 L_m 坐标系 C_{Lm} 的位姿参数 $[R_{RiLm}(\theta_{RiLm}) \quad t_{RiLm}(x_{RiLm}, y_{RiLm})]$ 已由前面得到. 在机器人坐标系 C_{Ri} 下, 机器人摄像机的外参数矩阵已完成标定, 则根据第 3 章目标位姿判定方法得到目标 Obj 在机器人坐标系 C_{Ri} 下的空间位姿参数 $[R_{ORi}(\alpha_{ORi}, \beta_{ORi}, \gamma_{ORi})$ $t_{ORi}(x_{ORi}, y_{ORi}, z_{ORi})]$. 实际中, 可通过控制双摄像机获取多视角下的目标图像点对, 来提高目标点在机器人坐标系下位姿的求解精度.

t_i 时刻 Obj 所对应目标节点与环境节点 v_m 间拓扑边的参数 (即 Obj 在局部环境地图 L_m 的空间位姿)k_{OLm} 可由 $[R_{OLm} \quad t_{OLm}]$ 来表示, 其参数通过如下坐标变换得到

$$R_{OLm} = R_{ORi}(\alpha_{ORi}, \beta_{ORi}, \gamma_{ORi}) R_{RiLm}(\theta_{RiLm}) \tag{8.34}$$

$$t_{OLm} = R_{ORi}(\alpha_{ORi}, \beta_{ORi}, \gamma_{ORi}) t_{RiLm}(x_{RiLm}, y_{RiLm}) + t_{ORi}(x_{ORi}, y_{ORi}, z_{ORi}) \tag{8.35}$$

可以看出, 由于机器人坐标系与局部环境坐标系之间存在一一对应关系, 因此通过简单的坐标变换即可将目标位姿信息从机器人坐标系转换到局部地图坐标系中, 从而增加了连接环境节点和目标节点的拓扑边的数量.

8.2.4 几何-拓扑地图的存储结构

在所采用的地图存储结构中, 环境特征描述符和目标的过完备特征集信息采用词袋形式存储, 拓扑地图中的拓扑边信息采用邻接矩阵形式存储.

图 8.3 和图 8.4 分别给出了环境-环境拓扑边和目标-环境拓扑边的邻接矩阵. 其中, 我们设定环境节点个数为 M, 目标节点个数为 N, 则在环境-环境拓扑边的邻接矩阵中, 其第 i 行第 j 列的元素为环境节点 v_{ei} 和环境节点 v_{ej} 之间的拓扑边,

	环境节点 V_{e1}	环境节点 V_{e2}	$\cdots$	环境节点 V_{eM}
环境节点 V_{e1}	—	W_{12}	$\cdots$	W_{1M}
环境节点 V_{e2}	W_{21}	—	$\cdots$	W_{2M}
$\vdots$	$\vdots$	$\vdots$	—	$\vdots$
环境节点 V_{eM}	W_{M1}	W_{M2}	$\cdots$	

图 8.3 环境-环境拓扑边的邻接矩阵存储

	环境 节点 V_{e1}	环境 节点 V_{e2}	$\cdots$	环境 节点 V_{eM}
目标节点　V_{o1}	k_{11}	k_{12}	$\cdots$	k_{1M}
目标节点　V_{o2}	k_{21}	k_{22}	$\cdots$	
$\vdots$	$\vdots$	$\vdots$	$\vdots$	$\vdots$
目标节点　V_{oN}	k_{N1}	k_{N2}	$\cdots$	k_{NM}

图 8.4　目标–环境拓扑边的邻接矩阵存储

存储两环境坐标系间的位姿关系；在目标–环境拓扑边的邻接矩阵中，其第 i 行第 j 列的元素为目标节点 v_{oi} 和环境节点 v_{ej} 之间的拓扑边，存储目标坐标系与环境坐标系间的位姿关系.

　　需要指出的是，邻接矩阵存储形式的优势在于方便检索，这有利于规划机器人节点之间的运动路径. 但当有节点加入或退出时，对邻接矩阵相应操作的运算量较大. 此外，当邻接矩阵中的拓扑边较少时，其存储空间并不会相应减少，因此不节省存储空间.

　　事实上，这里所设计的两个邻接矩阵可视为稀疏矩阵 (尤其是对于目标–环境拓扑边的邻接矩阵，在任意时刻某一目标节点只与一个环境节点建立拓扑边，因此矩阵中每行只有一个元素不为空). 从节省存储空间、提高操作效率角度考虑，可用三元组表来压缩邻接矩阵，或者采用树型数据结构取代邻接矩阵，这也是本课题下一步的研究内容.

8.3　实　　验

8.3.1　实验描述

　　以前面所述的 Pioneer III 作为实验平台，选择面积约为 9.5m×10.5m 的真实家庭环境作为实验场地，如图 8.5 所示，家庭环境主要由起居厅、餐厅、厨房、书房和两个卧室构成，其中放置沙发、空调、水杯等目标. 为常见家庭目标设计了便于机器人视觉识别的 QR Code 标签，将目标的唯一标识、属性及其操作信息录入标签中，机器人通过读取 QR Code 标签来获取目标的相关信息. 图 8.6 给出了家庭环境中的几种常见目标及其标签.

图 8.5　家庭环境及其平面示意图

图 8.6　几种常见家庭目标及标签

8.3.2　家庭环境地图的构建

采用激光测距仪和 CCD 摄像机作为主要的外部传感器，完成基于扫描匹配的环境特征提取；CCD 摄像机用于识别目标的 QR Code 标签，并提取目标的过完备特征集数据. 针对图 8.5 布局的家庭环境，通过遥操作方式控制机器人构建出三种形式的家庭环境地图，即基于传统几何–拓扑表示的地图、基于单纯几何特征表示的简单全息地图和基于几何–拓扑表示的全息地图，图 8.7 所示为三种地图的俯视图. 由图可见，传统几何–拓扑地图由 23 个环境拓扑节点和 22 条拓扑边构成，为机器人建立了家庭环境可活动空间的概念. 单纯几何特征的简单全息地图中给出了 35 个粘贴 QR Code 标签的目标及其在环境地图中的位置，实现了机器人对家庭环境中各操作目标位置的感知. 几何–拓扑结构的全息地图中，全局层面上，拓扑节点由 23 个环境节点和 35 个目标节点构成，拓扑边由 22 条环境–环境拓扑边和 34 条目标–环境拓扑边构成，由于餐厅墙角处的椅子在机器人视野范围之外，故没有建立其与环境节点的拓扑边.

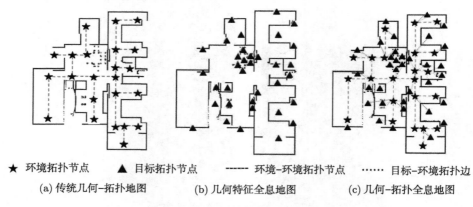

★ 环境拓扑节点　　▲ 目标拓扑节点　　------ 环境–环境拓扑节点　　······ 目标–环境拓扑边

(a) 传统几何–拓扑地图　　　　　(b) 几何特征全息地图　　　　　(c) 几何–拓扑全息地图

图 8.7　实验中构建的三种家庭地图

8.3.3　实验分析

为了验证全息地图的实用性和构建方法的有效性，分别从建图用时、基于地图的机器人路径规划用时和任务执行用时等角度进行分析和评价. 表 8.1 给出了上面三种地图的性能比较.

表 8.1　图 8.7 中三种地图的性能比较

对比项	建图用时/min	路径规划用时/ms	任务执行用时/min
图 8.7(a) 地图	6.41	15.40	4.63
图 8.7 (b) 地图	5.34	175.36	1.91
图 8.7 (c) 地图	8.77	15.82	0.75

如表 8.1 所示, 从机器人建图用时来看, 利用 SLAM 技术机器人可在线构建地图: 基于单纯几何特征表示的简单全息地图构建耗时主要取决于机器人的移动速度和目标发现与定位的耗时; 在机器人运动速度相同的情况下, 由于从环境中提取拓扑节点并构建 GVG 拓扑地图的计算量较大, 传统几何-拓扑地图和基于几何-拓扑混合模型的全息地图构建需要较长的耗时; 此外, 由于需要发现和定位环境中的目标, 基于几何-拓扑混合模型的全息地图耗时更多.

从基于地图的机器人路径规划用时来看, 传统几何-拓扑地图没有体现目标信息, 因此基于该地图机器人在执行任务时主要有两种方式: 一是人为指定操作目标的位置, 机器人进行从当前位姿到目标位置处的路径规划, 这种方式的不足之处是机器人并不完全自主, 而是需要人的介入; 另一方式是机器人通过特定的搜索策略, 遍历整个地图直至运动到目标位置, 这种方式的缺点是机器人任务执行效率往往很低, 不能满足机器人工作的实时性要求. 基于几何特征的简单全息地图, 机器人能够感知各操作目标的位置, 继而完成由当前位置到目标位置的主动路径规划, 但由于路径规划的计算量巨大 (尤其是对于三维地图), 基于该地图的路径规划速度较慢, 任务执行效率仍然不高. 而针对几何-拓扑混合的全息地图, 通过拓扑层面上的全局路径规划, 快速生成从当前位置到目标位置的最优路径, 在机器人导航过程中, 不断通过局部几何地图辅助机器人位姿估计, 确保机器人在非节点位置处仍能成功定位.

从基于地图的机器人任务执行用时来看, 表 8.1 中列出了分别基于三种形式的环境地图, 机器人从厨房房门处出发, 发现并抓取阳台处水杯的任务的执行时间 (基于传统几何-拓扑地图的机器人采用深度优先搜索策略), 可见基于几何特征表示和基于几何-拓扑表示的两种全息地图机器人执行效率具有明显优势.

此外, 从所建地图的精度方面来看, 由于所建地图的精度在很大程度上取决于机器人的自身定位精度, 这里采用第 4 章方法进行机器人自定位, 使所建地图的精度相应提高. 另外, 由于采用局部几何-全局拓扑的分层模型, 也降低了机器人路径规划时对地图精度的要求.

8.4　本章小结

本章针对家庭服务机器人工作环境的复杂性, 提出了满足家庭服务机器人环境认知和智能服务需要的、融合环境和目标信息的家庭全息地图的概念. 并采用局部几何-全局拓扑的分层混合结构表示家庭全息地图. 然后, 对全息地图的构建进行了初步探讨, 设计了局部几何-全局拓扑的全息地图分层表示模型. 分析了机器人坐标系、局部环境坐标系和目标的相对关系, 给出了机器人局部环境自定位算法和基于坐标变换的服务机器人全息地图构建方法. 家庭环境下机器人实验表明, 基于局部几何-全局拓扑表示的全息地图, 服务机器人路径规划和任务执行效率得到了有效提升.

参 考 文 献

[1] Wu P H, Kong L F, Gao S N. Holography map for home robot: An object-oriented approach[J]. Intelligent Service Robotics, 2012, 5(3): 147-157.

[2] 吴培良. 家庭智能空间中服务机器人全息建图及相关问题研究 [D]. 燕山大学博士学位论文, 2010.

[3] 吴培良, 孔令富, 赵逢达. 一种服务机器人家庭全息地图构建方法研究 [J]. 计算机应用研究, 2010, 27(3): 981-985.

[4] 吴培良, 朱玲, 张玮. 动态家庭环境智能空间服务机器人全息建图方法 [J]. 科技导报, 2010, 28(12): 72-78.

[5] 孔令富, 高胜男, 吴培良. 基于全息地图的机器人与操作手同步路径规划 [J]. 系统仿真学报, 2012, 24(9): 1801-1805.

[6] Choi Y H, Lee T K, Oh S Y. A line feature based SLAM with low grade range sensors using geometric constraints and active exploration for mobile robot[J]. Autonomous Robots, 2008, 24(1): 13-27.

[7] Ranganathan P, Hayet J B, Devy M, et al. Topological navigation and qualitative localization for indoor environment using multi-sensory perception[J]. Robotics and Autonomous System, 2002, 41(2-3): 137-144.

第9章　物联网机器人同时标定与定位算法

针对服务机器人机载传感器的局限性及所在环境的动态性, 本章提出一种物联网与机器人交互框架下的同时物联网摄像机标定与机器人定位方法. 基于 Rao-Blackwellized 粒子滤波思想[1-4], 将机器人位姿和摄像机投影矩阵的联合概率密度进行分解, 综合机器人控制量和物联网观测值构建位姿粒子的提议分布函数及权值分配公式, 同时根据机器人路径和对应观测值更新摄像机节点的投影矩阵[2,3]. 对比实验证明本章方法在有效解决动态环境定位的同时可以提高定位的精度.

9.1　系统模型

9.1.1　系统构成

本章讨论的对象为物联网服务机器人系统, 该系统主要由两部分构成: 具备普适感知和处理能力的物联网 (包括处理主机、摄像机网络和智能物品等), 以及与物联网交互的服务机器人[5,6]. 图 9.1 给出了一个典型的家庭物联网服务机器人系统, 其中, 为保证摄像机网络对环境中机器人和目标的全局观测, 要求摄像机节点尽量均匀布撒, 各摄像机节点一旦固定, 在以后的应用中将不再变动. 所用服务机器人如图 9.2 所示, 机器人除配备用于目标发现及操作的感知和执行机构外, 还携带用于物联网观测定位的标识色块.

为方便分析, 不妨将物联网机器人系统进行合理简化. 假设机器人在水平地面上运动, 以标识色块的中心为原点构建机器人坐标系, 垂直标识色块向上为 z 轴方向, 前进方向为 x 轴方向, y 轴方向由右手法则确定. 以初始时刻机器人坐标系作为世界坐标系, 则机器人只在世界坐标系的 x-y 平面运动, 任意时刻 z 轴的位移均为零. 由于世界坐标系与机器人初始位姿有关, 世界坐标系下各摄像机节点的外参矩阵 (旋转矩阵和平移矢量) 需要在线标定.

9.1.2　机器人运动模型

以世界坐标系 x-y 平面上的刚体轮式机器人为研究对象, 假设 t 时刻机器人的位姿为 $s_t = \{x_t, y_t, \theta_t\}$, 其中 x_t, y_t 和 θ_t 分别为机器人在世界坐标系下的 x, y 轴坐标和朝向角. 若 t 时刻机器人的输入控制量为 $u_t = \{V_t, \Delta\theta_t\}$, 其中 V_t 和 $\Delta\theta_t$

分别为输入的机器人速率和控制转向角, 则机器人的运动模型可表示为

$$
\begin{cases}
x_t = x_{t-1} + V_t \mathrm{d}t \cdot \cos\left(\Delta\theta_t + \theta_{t-1}\right) \\
y_t = y_{t-1} + V_t \mathrm{d}t \cdot \sin\left(\Delta\theta_t + \theta_{t-1}\right) \\
\theta_t = \theta_{t-1} + V_t \mathrm{d}t \cdot \sin\Delta\theta_t / W
\end{cases}
\tag{9.1}
$$

这里 $\mathrm{d}t$ 为单位时间长度, W 为机器人两轮的轴间距. 上式给出了理想情形下的机器人运动模型, 实际中, 运动过程往往受各种因素干扰而产生不可避免的偏差, 考虑这些误差的存在, 将运动模型表示为

$$
p\left(s_t \mid s_{t-1}, u_t\right) = h\left(s_{t-1}, u_t\right) + \varepsilon_{h,t}
\tag{9.2}
$$

其中, $h\left(s_{t-1}, u_t\right)$ 为式 (9.1) 的理想运动模型, $\varepsilon_{h,t}$ 为服从 $N\left(0, P_t\right)$ 分布的高斯白噪声.

物联网主机　　　　　　服务对象

摄像机节点　　　　　　操作目标

服务机器人　　　　　　环境目标

图 9.1　家庭物联网服务机器人系统示意图

① 标识色块　　② 激光测距仪

③ 手眼系统　　④ PTZ摄像机

图 9.2　所用服务机器人

9.1.3　摄像机对机器人的观测模型

以机器人作为物联网摄像机网络的观测对象, 由于机器人所在的二维平面与摄像机节点像平面之间存在单应性关系, 故利用单个摄像机节点即可获取机器人

的位姿状态. 不妨以第 n 个摄像机节点为例, 其投影矩阵 $M^{(n)}$ 由摄像机内外参数构成, 即

$$M^{(n)} = \begin{bmatrix} K^{(n)} & 0 \end{bmatrix} \begin{bmatrix} R^{(n)} & T^{(n)} \\ 0^T & 1 \end{bmatrix} = \begin{bmatrix} m_{11} & m_{12} & m_{13} & m_{14} \\ m_{21} & m_{22} & m_{23} & m_{24} \\ m_{31} & m_{32} & m_{33} & m_{34} \end{bmatrix} \qquad (9.3)$$

其中, $K^{(n)}$, $R^{(n)}$ 和 $T^{(n)}$ 分别为摄像机的内参矩阵、旋转矩阵和平移矢量, $M^{(n)}$ 中包含将机器人状态投影到摄像机像平面所需要的全部参数. 如前所述, 机器人的状态可由自身携带的标识色块表征, 图 9.3 给出了 t 时刻标识色块所表征的机器人状态与其摄像机成像之间的单应性关系, 则机器人 (即标识色块中心) 的世界坐标 (x_t, y_t) 在像平面 Π 所成像点坐标 $(X_t^{(n)}, Y_t^{(n)})$ 满足

$$X_t^{(n)} = \frac{m_{11}x_t + m_{12}y_t + m_{14}}{m_{31}x_t + m_{32}y_t + m_{34}} \qquad (9.4)$$

$$Y_t^{(n)} = \frac{m_{21}x_t + m_{22}y_t + m_{24}}{m_{31}x_t + m_{32}y_t + m_{34}} \qquad (9.5)$$

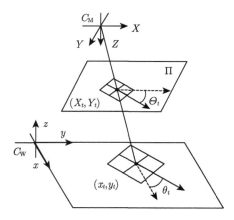

图 9.3 机器人状态的标识色块及其成像

同时, 机器人朝向角 θ_t (即机器人方向的单位向量与世界坐标系 x 轴的夹角) 可由标识色块来表征, 并且不难得到机器人方向的单位向量在像平面 Π 的投影与像面坐标系 X 轴的夹角 $\Theta_t^{(n)}$ 为

$$\Theta_t^{(n)} = \arctan([(m_{22}m_{31} - m_{21}m_{32})\,x_t + m_{22}m_{34} - m_{24}m_{32}]\tan\theta_t$$
$$+ (m_{21}m_{32} - m_{22}m_{31})\,y_t + m_{21}m_{34} - m_{24}m_{31})$$
$$/([(m_{12}m_{31} - m_{11}m_{32})\,x_t + m_{12}m_{34} - m_{14}m_{32}]\tan\theta_t$$

$$+ (m_{11}m_{32} - m_{12}m_{31})\, y_t + m_{11}m_{34} - m_{14}m_{31}) \tag{9.6}$$

式 (9.4)~(9.6) 中，m_{ij} 为第 n 个摄像机节点的投影矩阵 $M^{(n)}$ 的第 i 行第 j 列元素 ($i = 1, 2, 3;\ j = 1, 2, 4$). 尽管摄像机参数可由下面方法在线标定，但受环境光线变化等因素影响，各摄像机的观测质量并不能令人满意，鉴于此，令摄像机节点 n 对机器人的观测值 $z_t = \{X_t^{(n)}, Y_t^{(n)}, \Theta_t^{(n)}\}$，其观测模型表示为

$$p(z_t|s_t, M^{(n)}) = f(s_t, M^{(n)}) + \varepsilon_{f,t} \tag{9.7}$$

其中，$f\left(s_t, M^{(n)}\right)$ 表示式 (9.4)~(9.6) 的观测模型，$\varepsilon_{f,t}$ 为服从 $N\left(0, Q_t\right)$ 分布的高斯白噪声.

9.1.4　摄像机投影矩阵的标定

物联网摄像机投影矩阵 $M^{(n)}$ 中旋转矩阵 $R^{(n)}$ 和平移矢量 $T^{(n)}$ 与世界坐标系的选取有关，以初始运动时刻的机器人坐标系作为世界坐标系，则 $M^{(n)}$ 需要在线标定. 根据式 (9.4) 和 (9.5) 可知，至少需要机器人运动轨迹上的六组位置及对应观测数据，才可标定出投影矩阵. 当机器人运动轨迹上存在多余的位置数据及对应观测时，利用后面方法更新投影矩阵.

9.2　基于 RBPF 的物联网机器人定位

9.2.1　基本思想

如前所述，由于机器人自身感知的局限性，仅依靠机器人难以完成动态环境下的位姿估计，物联网传感器网络能够获取全局环境的观测信息，为动态环境机器人定位问题提供了新的解决方案. 通过独立于机器人之外的摄像机网络提供观测信息，联合机器人控制输入和物联网观测估计机器人位姿，同时根据机器人轨迹与物联网摄像机观测来在线标定摄像机投影矩阵，这就是物联网机器人动态环境定位的基本思想.

从贝叶斯滤波的角度，物联网机器人定位可以用联合概率密度 $p\left(s^t, M|z^t, u^t\right)$ 来表示，即在已知机器人控制输入序列 $u^t = \{u_i\}_{i=1,\cdots,t}$、物联网摄像机节点对机器人的观测序列 $z^t = \{z_i\}_{i=1,\cdots,t}$ 的条件下，求取机器人运动路径 $s^t = \{s_i\}_{i=1,\cdots,t}$ 和物联网 N 个摄像机节点的投影矩阵 $M = \{M^{(n)}\}_{n=1,\cdots,N}$ 的联合后验概率估计问题. 基于贝叶斯规则，并考虑系统的马尔可夫特性，此联合概率估计可分解为

$$p\left(s^t, M|z^t, u^t\right) = p\left(s^t|z^t, u^t\right) p\left(M|s^t, z^t, u^t\right) = p\left(s^t|z^t, u^t\right) \prod_{n=1}^{N} p(M^{(n)}|s^t, z^t) \tag{9.8}$$

依据上式，物联网机器人定位问题被分解为一个由 $p\left(s^t|z^t,u^t\right)$ 表示的机器人运动轨迹估计问题和 N 个由 $p\left(M^{(n)}|s^t,z^t\right)$ 表示的摄像机节点参数估计问题. 基于 Rao-Blackwellized 粒子滤波，t 时刻的系统信度可由 K 个带权粒子构成的集合表示：

$$\begin{aligned}\mathrm{Bel}\left(S_t\right) &=\{s^{t,(k)},w_t^{(k)},\{M^{(n)}\}_{n=1,\cdots,N}^{(k)}\}\\ &=\{\{s_i\}_{i=1,\cdots,t}^{(k)},w_t^{(k)},\{\mu_{M,t-1}^{(n)},\sigma_{M,t-1}^{(n)}\}_{n=1,\cdots,N}^{(k)}\}_{k=1,\cdots,K}\end{aligned}\tag{9.9}$$

9.2.2 构建位姿粒子的提议分布

为保证粒子集合能够尽可能逼近真实的机器人位姿状态，理论上粒子 $s_t^{(k)}$ 应从后验分布 $p(s_t|z^t,u^t)$ 中采样，然而在实际中该后验分布无法获得，只能从某种近似的提议分布 $p\left(s_t|s^{t-1,(k)},z^t,u^t\right)$ 中采样，将 $p\left(s_t|s^{t-1,(k)},z^t,u^t\right)$ 进行如下分解：

$$\begin{aligned}p(s_t|s^{t-1,(k)},z^t,u^t) &= \frac{p\left(s_t|s^{t-1,(k)},z^{t-1},u^t\right)p\left(z_t|s_t,s^{t-1,(k)},z^{t-1},u^t\right)}{p\left(z_t|s^{t-1,(k)},z^{t-1},u^t\right)}\\ &= \frac{p\left(s_t|s^{t-1,(k)},z^{t-1},u^t\right)}{p\left(z_t|s^{t-1,(k)},z^{t-1},u^t\right)}\times\int p(z_t|s_t,M^{(n)},u^t)p(M^{(n)}|s^{t-1,(k)},z^{t-1},u^t)\mathrm{d}M^{(n)}\\ &= \eta^{(k)}\underbrace{p(s_t|s_{t-1}^{(k)},u_t)}_{\sim N(s_t;h(s_{t-1},u_t),P_t)}\times\int\underbrace{p(z_t|s_t,M^{(n)})}_{\sim N(z_t;f(s_t,M^{(n)}),Q_t)}\underbrace{p(M^{(n)}|s^{t-1,(k)},z^{t-1})}_{\sim N(M^{(n)};\mu_{M,t-1}^{(n)},\sigma_{M,t-1}^{(n)})}\mathrm{d}M^{(n)}\end{aligned}\tag{9.10}$$

上式中，系数 $\eta^{(k)}=p\left(z_t|s^{t-1,(k)},z^{t-1},u^t\right)^{-1}$；$p(s_t|s_{t-1}^{(k)},u_t)$ 和 $p\left(z_t|s_t,M^{(n)}\right)$ 分别为机器人运动模型 $h(\cdot)$ 和第 n 个摄像机节点对机器人的观测模型 $f(\cdot)$；$p\left(M^{(n)}|s^{t-1,(k)},z^{t-1}\right)$ 为根据机器人运动路径和观测获得节点投影矩阵 $M^{(n)}$ 的概率密度函数. 由于模型函数 $f(\cdot)$ 和 $h(\cdot)$ 的非线性，式 (9.10) 难以获得封闭解，这里根据泰勒公式将观测函数 $f(\cdot)$ 进行一阶线性展开：

$$f(s_t,M^{(n)})\approx\hat{z}_t^{(k)}+F_s(s_t-\hat{s}_t^{(k)})+F_M(M^{(n)}-\mu_{M,t-1}^{(n)})\tag{9.11}$$

式中，$\hat{s}_t^{(k)}=h(s_{t-1}^{(k)},u_t)$ 是根据机器人运动模型 $h(\cdot)$ 预测的机器人位姿；$\hat{z}_t^{(k)}=f(\hat{s}_t^{(k)},\mu_{M,t-1}^{(n)})$ 是由观测模型 $f(\cdot)$ 预测的物联网对机器人的观测值；$\mu_{M,t-1}^{(n)}$ 是上一时刻得到的摄像机参数矩阵；矩阵 F_s 和 F_M 分别是 $f(\cdot)$ 对应于 s_t 和 $M^{(n)}$ 的雅可比矩阵：

$$F_s=\nabla_{s_t}f(s_t,M^{(n)})|_{s_t=\hat{s}_t^{(k)},M^{(n)}=\mu_{M,t-1}^{(n)}}\tag{9.12}$$

$$F_M = \nabla_{M^{(n)}} f(s_t, M^{(n)})\big|_{s_t = \hat{s}_t^{(k)}, M^{(n)} = \mu_{M,t-1}^{(n)}} \tag{9.13}$$

在将 $f(\cdot)$ 线性化后, 则可通过卷积理论得到式 (9.10) 中积分项的封闭解, 即

$$\int p(z_t|s_t, M^{(n)}) p(M^{(n)}|s^{t-1,(k)}, z^{t-1}) \mathrm{d}M^{(n)}$$
$$\sim N(z_t; \hat{z}_t^{(k)} + F_s s_t - F_s \hat{s}_t^{(k)}, Q_t + F_M \sigma_{M,t-1}^{(n)} F_M^{\mathrm{T}}) \tag{9.14}$$

后验分布 (9.10) 可表示为高斯分布 (9.14) 和高斯分布 $N(s_t; h(s_{t-1}, u_t), P_t)$ 的乘积, 即

$$p(s_t|s^{t-1,(k)}, z^t, u^t) = \eta' \exp\{-y_t^{(n)}\} \tag{9.15}$$

其中,

$$y_t^{(n)} = \frac{1}{2}[(z_t - \hat{z}_t^{(k)} - F_s s_t + F_s \hat{s}_t^{(k)})^{\mathrm{T}} (Q_t + F_M \sigma_{M,t-1}^{(n)} F_M^{\mathrm{T}})^{-1}$$
$$\times (z_t - \hat{z}_t^{(k)} - F_s s_t + F_s \hat{s}_t^{(k)}) + (s_t - \hat{s}_t^{(k)})^{\mathrm{T}} P_t^{-1}(s_t - \hat{s}_t^{(k)})] \tag{9.16}$$

可以看出, $y_t^{(n)}$ 是关于机器人状态 s_t 的二次方程, 则式 (9.15) 仍满足高斯分布, 且均值和方差分别等于 $y_t^{(n)}$ 的最小值及该点曲率. 令 $y_t^{(n)}$ 关于 s_t 的一阶导数为零, 即得 s_t 的均值 $\mu_{s,t}^{(k)}$:

$$\mu_{s,t}^{(k)} = \hat{s}_t^{(k)} + [P_t^{-1} + F_s^{\mathrm{T}}(Q_t + F_M \sigma_{M,t-1}^{(n)} F_M^{\mathrm{T}})^{-1} F_s]^{-1}$$
$$\times F_s^{\mathrm{T}}(Q_t + F_M \sigma_{M,t-1}^{(n)} F_M^{\mathrm{T}})^{-1}(z_t - \hat{z}_t^{(k)}) \tag{9.17}$$

计算 $y_t^{(n)}$ 关于 s_t 的二阶导数, 其倒数 (曲率) 即为 s_t 的方差 $\sigma_{s,t}^{(k)}$:

$$\sigma_{s,t}^{(k)} = [P_t^{-1} + F_s^{\mathrm{T}}(Q_t + F_M \sigma_{M,t-1}^{(n)} F_M^{\mathrm{T}})^{-1} F_s]^{-1} \tag{9.18}$$

至此, 依据机器人控制输入量 u_t 和摄像机网络的观测值 z_t 得到了高斯形式的粒子提议分布 $N(s_t; \mu_{s,t}^{(k)}, \sigma_{s,t}^{(k)})$, 从中采样得到的新粒子.

9.2.3　计算粒子权重及重采样

通过上节估计得到的粒子并不严格服从后验分布, 原因在于分解式 (9.18) 时并未考虑不同粒子的归一化系数 $\eta^{(k)}$ 的差异, 从而导致由粒子模拟的机器人轨迹与机器人实际轨迹之间存在偏差. 为了校正这种偏差, 给每个粒子分配不同的权值, 其取值为真实后验概率分布与粒子提议分布之比, 即

$$w_t^{(k)} = \frac{\text{posterior}}{\text{proposal}} = \frac{p\left(s^{t,(k)}|z^t, u^t\right)}{p\left(s^{t,(k)}|s^{t-1,(k)}, z^t, u^t\right)} \tag{9.19}$$

根据贝叶斯规则和马尔可夫定理, 将上式进一步分解:

$$
w_t^{(k)} = \frac{p\big(s_t^{(k)}|s^{t-1,(k)}, z^t, u^t\big) p\big(s^{t-1,(k)}|z^t, u^t\big)}{p\big(s_t^{(k)}|s^{t-1,(k)}, z^t, u^t\big) p\big(s^{t-1,(k)}|z^{t-1}, u^{t-1}\big)}
$$

$$
= \frac{p\big(z_t|s^{t-1,(k)}, z^{t-1}, u^t\big) p\big(s^{t-1,(k)}|z^{t-1}, u^t\big)}{p\big(z_t|z^{t-1}, u^t\big) p\big(s^{t-1,(k)}|z^{t-1}, u^{t-1}\big)}
$$

$$
= \frac{p\big(z_t|s^{t-1,(k)}, z^{t-1}, u^t\big) p\big(s^{t-1,(k)}|z^{t-1}, u^{t-1}\big)}{p\big(z_t|z^{t-1}, u^t\big) p\big(s^{t-1,(k)}|z^{t-1}, u^{t-1}\big)}
$$

$$
= \eta p(z_t|s^{t-1,(k)}, z^{t-1}, u^t) \tag{9.20}
$$

通过上面分解可见, 粒子权值的核心项 $p\big(z_t|s^{t-1,(k)}, z^{t-1}, u^t\big)$ 正好与式 (9.10) 的归一化系数 $\eta^{(k)}$ 成反比, 将上式进一步分解, 得

$$
w_t^{(k)} = \eta p(z_t|s^{t-1,(k)}, z^{t-1}, u^t)
$$

$$
= \eta \int p(z_t|s_t, s^{t-1,(k)}, z^{t-1}, u^t)
$$

$$
\times\, p(s_t|s^{t-1,(k)}, z^{t-1}, u^t) \mathrm{d}s_t
$$

$$
= \eta \int p(z_t|s_t, s^{t-1,(k)}, z^{t-1}, u^t) \times p(s_t|s_{t-1}, u_t) \mathrm{d}s_t
$$

$$
= \eta \iint p(z_t|M^{(n)}, s_t, s^{t-1,(k)}, z^{t-1}, u^t)
$$

$$
\times\, p(M^{(n)}|s_t, s^{t-1,(k)}, z^{t-1}, u^t) \mathrm{d}M^{(n)} \times p(s_t|s_{t-1}^{(k)}, u_t) \mathrm{d}s_t
$$

$$
= \eta \iint \underbrace{p(z_t|s_t, M^{(n)})}_{\sim N(z_t; f(s_t, M), Q_t)} \underbrace{p(M^{(n)}|s^{t-1,(k)}, z^{t-1})}_{\sim N(M^{(n)}; \mu_{M,t-1}^{(n)}, \sigma_{M,t-1}^{(n)})} \mathrm{d}M^{(n)}
$$

$$
\times\, \underbrace{p(s_t|s_{t-1}^{(k)}, u_t)}_{\sim N(s_t; h(s_{t-1}, u_t), P_t)}\ \mathrm{d}s \tag{9.21}
$$

式中, $p(s_t|s_{t-1}^{(k)}, u_t)$ 和 $p\big(z_t|s_t, M^{(n)}\big)$ 分别为机器人运动模型 $h(\cdot)$ 和第 n 个摄像机节点对机器人的观测模型 $f(\cdot)$. 同样通过泰勒公式 (9.11) 将 $f(\cdot)$ 进行一阶线性展开, 从而将式 (9.21) 近似为高斯分布, 其均值 $\mu_{z,t}^{(k)}$ 和方差 $\sigma_{z,t}^{(k)}$ 分别为

$$
\mu_{z,t}^{(k)} = \hat{z}_t^{(k)}, \quad \sigma_{z,t}^{(k)} = Q_t + F_M \sigma_{M,t-1}^{(n)} F_M^{\mathrm{T}} + F_s P_t F_s^{\mathrm{T}} \tag{9.22}
$$

所以, 第 k 个粒子的权值可表示为

$$w_t^{(k)} = |2\pi\sigma_{z,t}^{(k)}|^{-1/2} \exp\{-(z_t - \mu_{z,t}^{(k)})^{\mathrm{T}}[\sigma_{z,t}^{(k)}]^{-1}(z_t - \mu_{z,t}^{(k)})/2\} \tag{9.23}$$

粒子集合的方差随时间增加, 其带来的粒子退化问题几乎不可避免, 对于抑制退化现象, 除了设计更加优化的提议分布之外, 另一个有效措施是对粒子集进行重采样, 去除样本集中权值较小的样本, 使计算集中在权值较大的样本上, 从而在一定程度上克服样本退化现象. 衡量退化现象的一个恰当指标就是有效粒子数 N_{eff}:

$$N_{\mathrm{eff}} = 1 \left/ \sum_{k=1}^{K} (w_t^{(k)})^2 \right. \tag{9.24}$$

9.2.4 估计投影矩阵

如前所述, 联合机器人运动轨迹及摄像机的观测值来标定和更新第 n 个摄像机节点的投影矩阵 $M^{(n)}$. 假设 t 时刻投影矩阵的均值和方差分别为 $\mu_{M,t-1}^{(n)}$ 和 $\sigma_{M,t-1}^{(n)}$, 则 $t+1$ 时刻是否更新投影矩阵取决于该摄像机是否观测到机器人: 若此时机器人运动到该摄像机观测范围之外, 则 $\{\mu_{M,t}^{(n)}, \sigma_{M,t}^{(n)}\} = \{\mu_{M,t-1}^{(n)}, \sigma_{M,t-1}^{(n)}\}$; 若此时机器人仍在该摄像机视野内, 则有

$$p(M^{(n)}|s^t, z^t) \xlongequal{\text{Bayes}} \frac{p\left(z_t|s^t, M^{(n)}, z^{t-1}\right) p\left(M^{(n)}|s^t, z^{t-1}\right)}{p\left(z_t|s^t, z^{t-1}\right)}$$

$$\xlongequal{\text{Markov}} \frac{p\left(z_t|s^t, M^{(n)}\right) p\left(M^{(n)}|s^{t-1}, z^{t-1}\right)}{p\left(z_t|s^t, z^{t-1}\right)}$$

$$= \eta'' \underbrace{p(z_t|s_t, M^{(n)})}_{\sim N(z_t; f(s_t, M), Q_t)} \underbrace{p(M^{(n)}|s^{t-1}, z^{t-1})}_{\sim N(M^{(n)}; \mu_{M,t-1}^{(n)}, \sigma_{M,t-1}^{(n)})} \tag{9.25}$$

上式中, 由于 s_t 不是独立的变量, 故将 $f(\cdot)$ 按照一阶泰勒展开如下:

$$f(s_t, M^{(n)}) \approx \hat{z}_t^{(k)} + F_M(M^{(n)} - \mu_{M,t-1}^{(n)}) \tag{9.26}$$

通过上面的线性化, 式 (9.25) 满足高斯分布, 由 EKF 方法得到更新的均值 $\mu_{M,t}^{(n)}$ 和方差 $\sigma_{M,t}^{(n)}$:

$$\mu_{M,t}^{(n)} = \mu_{M,t-1}^{(n)} + K_t^{(k)}(z_t - \hat{z}_t^{(k)})^{-1} \tag{9.27}$$

$$\sigma_{M,t}^{(n)} = (I - K_t^{(k)} F_M)\sigma_{M,t-1}^{(n)} \tag{9.28}$$

其中, $K_t^{(k)} = \sigma_{M,t-1}^{(n)} F_M^{\mathrm{T}}(Q_t + F_M \sigma_{M,t-1}^{(n)} F_M^{\mathrm{T}})^{-1}$ 为 Kalman 增益.

9.3 实   验

    根据前面提出的系统构成,在实验室环境中构建了简单的物联网服务机器人系统,房间上方不同方位安装三个 Basler 数字摄像机作为传感器网络节点,各摄像机通过数据线和 Meteor Ⅱ 1394 采集卡连接到一台计算机 (即物联网主机: 512M 内存, Pentium 4 CPU, Windows XP 操作系统), 服务机器人采用图 9.2 中的 Pioneer 2-DX 机器人,该机器人配备 SICK LMS200 激光测距仪和 Cannon VC-C4 摄像机,机器人与物联网主机的通信通过 wireless Ethernet 网卡实现.

    控制机器人进行 wander 运动,分别从机器人定位和摄像机目标跟踪两个角度考察本章物联网辅助机器人定位 (IS-aided) 的精度、效率和稳定性. 首先从机器人定位角度,对比本章 IS-aided 方法与基于机器人自身传感器的定位 (self-only1,传感器为里程仪,采用粒子滤波定位; self-only2,自身传感器为里程仪 + 视觉,采用粒子滤波定位); 然后从目标跟踪的角度,对比本章 IS-aided 方法与仅基于物联网摄像机网络的机器人跟踪定位 (IS-only, 摄像机网络已标定,采用均值漂移与粒子滤波联合跟踪方法).

    实验过程中,通过不同时刻物品的运动来构成动态环境,在第 $20\Delta T$ (ΔT 为机器人与物联网的通信间隔,本章取 $\Delta T = 1\mathrm{s}$) 时,在机器人未察觉的情况下,将其已观测区域内甲处的物品 A 移动到未建图区域乙处,机器人在第 $36\Delta T$ 时重新发现该物品. 记录该过程中机器人控制量、机器人观测和物联网观测,并分别利用前面 self-only1, self-only2, IS-only 和 IS-aided 四种方法 (粒子数量均取 20) 估计机器人的位置和角度,得到的位置和角度误差分别如图 9.4 和图 9.5 所示. 可以明显看出,在重新发现 A 之后 self-only2 位姿估计发生错误,其原因在于机器人感知范围有限而未察觉物品 A 的变动,当再次发现 A 时,self-only2 依据自身运动信息、先前建立的物品 A 的位置 (地图) 信息以及当前自身观测定位,因而得到错误的位姿; self-only1 只依靠机器人自身里程仪定位而避免了动态环境的影响,但定位精度随时间而降低,产生这一现象的原因主要是机器人左、右轮胎气压不同,导致两轮半径不相等而使运动误差随距离增大; IS-only 只依据摄像机网络对标识色块的观测来定位机器人,能够保持对机器人的连续跟踪定位,但由于粒子数较少及环境光线等因素的影响,定位精度仍不够理想; 而对于本章 IS-aided 定位,通过联合机器人控制输入和物联网对机器人的观测,定位精度更高.

    实时性方面,IS-aided 定位方法将计算分配给物联网主机和机器人,物联网主机分析摄像机视频得到机器人位姿观测值并传输给机器人,机器人通过综合物联网观测与自身控制得到最终的位姿估计. 由于机器人和物联网并行工作,且视频中粒子跟踪的时间占主要部分,故算法的实时性主要取决于物联网主机的计算能力,为进一步减少计算量，本章中物联网主机只接收并分析能够观测到机器人的摄像机视频，平均定位时间为 300ms；其实时性与 IS-only 接近；self-only1 和 self-only2 平均定位时间分别为 75ms 和 850ms.

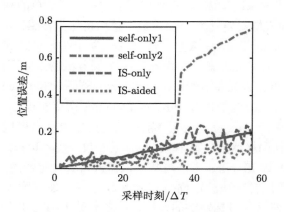

图 9.4　动态环境下机器人位置误差对比

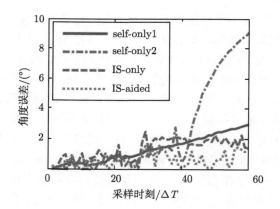

图 9.5　动态环境下机器人角度误差对比

　　在更加苛刻的条件下进行上述对比实验 15 次以验证算法的稳定性，在前面设置的动态环境下，随机关闭和打开室内日光灯，并人为地短暂遮挡机器人的标识色块. 尽管 IS-only 的粒子滤波跟踪对光线变化和短暂遮挡具有一定的鲁棒性，但仍出现一定程度的目标丢失 (丢失 2 次)；而 self-only2 同时受到目标和光线变化的影响，出现 8 次定位失误；self-only1 只根据自身里程仪定位，成功率为 100%，但定位精度较低；IS-aided 在定位过程中，通过里程仪和摄像机网络的互相校正，使采样粒子始终散布在机器人周围，在全部正确定位的同时，获得较高的定位精度.

9.4　本章小结

　　家庭服务机器人往往工作于动态环境下，导致传统基于传感器机载和环境静态假设的 SLAM 方法难以满足服务机器人家庭环境定位的需要. 针对服务机器人机载传感器的局限性及所在环境的动态性，充分借助智能空间全局感知的优势，提出了一种智能空间与机器人交互框架下的同时机器人定位与智能空间摄像机参数标定方法.

　　基于 Rao-Blackwellized 粒子滤波思想，将机器人位姿和摄像机投影矩阵的联合概率密度进行分解，综合机器人控制量和智能空间观测值构建位姿粒子的提议分布函数及权值分配公式，同时根据机器人路径和对应观测值更新摄像机节点的投影矩阵. 对比实验表明该方法在有效解决动态环境定位的同时，提高了定位的精度，为后续的机器人全息建图及智能空间目标跟踪与地图更新提供了条件.

参 考 文 献

[1] Montemerlo M, Thrun S, Koller D, et al. FastSLAM 2.0: An improved particle filtering algorithm for simultaneous localization and mapping that provably converges[C]. International Joint Conference on Artificial Intelligence, 2003: 1151-1156.

[2] Wu P L, Luo Q, Kong L F. Cooperative localization of network robot system based on improved MPF[C]. Proceedings of IEEE International Conference on Information and Automation (ICIA), Ningbo, CHINA, 2016: 796-800.

[3] Wu P L, Kong L F, Kong L. A solution to the simultaneous robot localization and camera-network calibration problem of ubiquitous robot system[J]. ICIC Express Letters, 2011, 5(8): 2759-2765.

[4] 孔亮, 孔令富, 吴培良, 等. 基于 MPF 的分布式移动机器人与无线传感器节点同时定位算法 [C]. 第三十一届中国控制会议, 2012.

[5] 吴培良, 孔令富, 孔亮. 一种普适机器人系统同时定位、标定与建图方法 [J]. 自动化学报, 2012, 38(4): 618-631.

[6] Wu P L, Kong L F, Kong L. Research on simultaneous localization, calibration and mapping of network robot system[J]. Automatika, 2015, 56(4): 466-477.

第10章 物联网机器人系统同时定位、标定与建图方法

机器人定位、传感器网络标定与环境建图是物联网机器人系统中三个相互耦合的基本问题, 其被有效解决是物联网机器人系统提供高效智能服务的前提. 本章提出了物联网机器人系统同时机器人定位、传感器网络标定与环境建图的概念[1,2], 通过分析三者之间的耦合关系, 给出同时定位、标定与建图问题的联合条件概率表示, 基于贝叶斯公式和马尔可夫特性将其分解为若干可解项, 并借鉴 Rao-Blackwellized 粒子滤波的思想分别求解. 首先, 联合传感器网络对机器人的观测、机器人对已定位环境特征的观测以及机器人自身控制量设计了位姿粒子的采样提议分布和权值更新公式; 其次, 联合传感器网络对机器人运动轨迹及已定位环境特征的观测设计了传感器网络标定的递推公式; 然后, 联合传感器网络和机器人对 (已定位或新发现) 环境特征的观测设计环境建图的递推公式, 给出了完整的同时定位、标定与建图算法, 并通过仿真实验验证了该算法的有效性.

10.1 系 统 描 述

10.1.1 系统构成

本章讨论的对象为物联网机器人系统, 该系统主要由三部分构成: 具备普适感知和处理能力的传感器网络及处理主机、与普适处理主机交互的移动式服务机器人, 以及环境中的各种目标 (包括服务对象、操作物品及环境路标等, 这里统称为目标)[3,4]. 图 10.1 给出了一个典型的家庭物联网机器人系统的示意图, 其实现方案如下: 由 RGB-D 摄像头作为节点构建传感器网络, 该摄像头能够同时获取视域范围内目标的颜色和距离信息, 各 RGB-D 摄像头通过数据线连接到一台处理主机的图像采集卡上, 该主机负责分析处理各摄像头所捕获图像, 并通过无线网络实现与服务机器人的通信; 家庭服务机器人平台选用配备手眼系统的 Pioneer 3 DX 型移动机器人, 并为该机器人设计标识色块以便传感器节点观测定位; 选取家庭环境和目标的尺度不变特征变换 (SIFT) 特征进行特征检测[5] 和跟踪[6], 选取深度特征进行场景标注[7] 及功用性检测[8], 此外, 为家庭常见目标粘贴标识其名称、功能及用法等信息的 QR Code 标签, 通过阅读标签机器人能实现对物品的深层次认知.

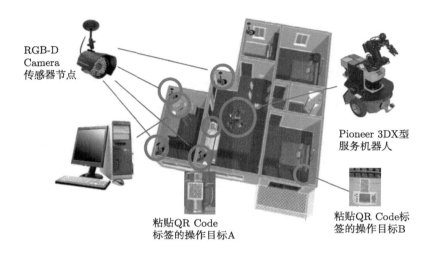

图 10.1 家庭物联网机器人系统示意图

传感器网络的节点部署需要综合考虑节点观测范围、能耗、障碍分布等因素，该问题已有相关文献进行了论述，在此不作过多讨论，假定传感器节点已被较为合理地部署.

10.1.2 问题简化

作为人们日常生活和工作的重要场所，家庭或办公室环境的布局结构往往较为复杂，且其中目标种类繁多、特征各异并具有不同程度的动态特性. 为方便分析，不妨将物联网机器人系统进行合理简化. 首先建立机器人坐标系：以标识色块的中心为坐标系原点，z 轴方向垂直标识色块向上，x 轴方向为机器人前进方向，y 轴方向由右手法则确定. 假定机械手基座坐标系、PTZ 云台坐标系在机器人坐标系下的位姿均已离线标定.

以初始建图时刻的机器人坐标系作为世界坐标系，由于机器人运行在平行于地面的二维平面，不妨假设任意时刻机器人在世界坐标系 z 轴的投影始终为零. 此外，环境目标往往分布在三维空间中，故本章将整个环境描述为世界坐标系下包含环境布局及其中目标的三维特征地图，并通过机器人和传感器网络的实时交互来联合构建并共同维护该地图.

10.1.3 模型建立

首先，建立机器人运动模型. 以世界坐标系 x-y 平面上的刚体轮式机器人为研究对象，假设 t 时刻机器人的位姿向量为 s_t，其中包含世界坐标系下机器人的横轴、纵轴坐标及朝向角三个分量. 实际中，机器人运动往往受各种因素干扰而产生

不可避免的偏差, 考虑到这些误差的存在, 则机器人的运动模型和观测模型可表示为如下的概率形式:

$$p\left(s_t|s_{t-1}, u_t\right) = h\left(s_{t-1}, u_t\right) + \varepsilon_{h,t} \tag{10.1}$$

其中, u_t 为 t 时刻机器人的输入控制量, $h\left(s_{t-1}, u_t\right)$ 为理想运动方程, $\varepsilon_{h,t}$ 为服从 $N\left(0, P_t\right)$ 分布的高斯白噪声.

其次, 建立机器人的观测模型. 本章假定环境中共有 N 个特征点, 不妨将第 n 个特征点的位置记为 θ_n, t 时刻机器人对该特征点的观测为 y_t^n, 考虑到机器人传感器观测误差的存在, 则机器人对环境特征的观测模型表示为

$$p\left(y_t^n|\theta_n, s_t\right) = g\left(\theta_n, s_t\right) + \varepsilon_{g,t} \tag{10.2}$$

其中, $g\left(\theta_n, s_t\right)$ 表示理想观测方程, $\varepsilon_{g,t}$ 为服从 $N\left(0, R_t\right)$ 分布的高斯白噪声. 则从初始时刻到 t 时刻, 机器人对环境中 N 个环境特征点的观测可用

$$y^{t,N} = \{y_i^n\}_{i=1,\cdots,t;n=1,\cdots,N}$$

表示.

再次, 建立传感器网络节点对环境特征点的观测模型. 本章假定传感器网络由 M 个传感器节点构成, 不妨将第 m 个节点在世界坐标系下的位姿参数记为 ψ_m, t 时刻其对 θ_n 的观测记为 $x_{t,n}^m$, 考虑到传感器网络节点观测误差的存在, ψ_m 对环境特征点的观测模型可表示为

$$p\left(x_{t,n}^m|\theta_n, \psi_m\right) = d\left(\theta_n, \psi_m\right) + \varepsilon_{d,t} \tag{10.3}$$

其中, $d\left(\theta_n, \psi_m\right)$ 表示理想观测方程, $\varepsilon_{d,t}$ 为满足 $N\left(0, T_t\right)$ 分布的高斯白噪声. 则 t 时刻 M 个传感器网络节点对 N 个环境特征点的观测用 $x_t^{M,N} = \left\{x_{t,n}^m\right\}_{m=1,\cdots,M;n=1,\cdots,N}$ 表示; 从初始时刻到 t 时刻, M 个节点对 N 个特征点的观测用 $x^{t,M,N} = \left\{x_i^{M,N}\right\}_{i=1,\cdots,t}$ 表示.

最后, 建立传感器网络对机器人的观测模型. 考虑以家庭服务机器人作为传感器网络的观测对象, 机器人的状态包括位置和朝向角度信息, 该状态往往可由机器人自身携带的某种标识, 如标识色块来表征. 不失一般性, 假定 z_t^m 为传感器节点 ψ_m 对机器人状态 s_t 的观测, 考虑到观测误差的存在, ψ_m 对机器人的观测模型表示为

$$p\left(z_t^m|s_t, \psi_m\right) = f\left(s_t, \psi_m\right) + \varepsilon_{f,t} \tag{10.4}$$

其中, $f\left(s_t, \psi_m\right)$ 为理想的观测方程, $\varepsilon_{f,t}$ 为服从 $N\left(0, Q_t\right)$ 分布的高斯白噪声. 则从初始时刻到 t 时刻, M 个传感器网络节点对机器人运动路径的观测用 $z^{t,M} = \{z_i^m\}_{i=1,\cdots,t;m=1,\cdots,M}$ 表示.

为描述方便，不妨假定在某一时刻机器人仅观测到第 n 个环境特征点，该假设可容易地扩展到多个观测的情形，不影响对问题的讨论. 同样道理，假定某一时刻仅有第 m 个传感器节点能观测到机器人和第 n 个环境特征点.

10.2 物联网机器人系统同时定位、标定与建图

10.2.1 基本思想

从概率的观点看，物联网机器人系统同时定位、标定与建图问题可以用概率密度 $p\left(\Psi, s^t, \Theta | u^t, x^{t,M,N}, y^{t,N}, z^{t,M}\right)$ 来表示，即在已知机器人控制输入序列 $u^t = \{u_i\}_{i=1,\cdots,t}$、机器人对 N 个环境目标的观测序列 $y^{t,N}$、传感器网络 M 个节点对机器人的观测序列 $z^{t,M}$，以及传感器网络 M 个节点对 N 个环境特征的观测序列 $x^{t,M,N}$ 的条件下，求解传感器网络 M 个节点的参数 $\Psi = \{\psi_m\}_{m=1,\cdots,M}$、机器人位姿 $s^t = \{s_i\}_{i=1,\cdots,t}$，以及 N 个目标所构成地图 $\Theta = \{\theta_n\}_{n=1,\cdots,N}$ 的联合后验概率估计问题. 基于贝叶斯公式和马尔可夫特性，此联合概率估计可分解为

$$
\begin{aligned}
&p\left(\Psi, s^t, \Theta | u^t, x^{t,M,N}, y^{t,N}, z^{t,M}\right)\\
&= p\left(\Psi, \Theta | s^t, u^t, x^{t,M,N}, y^{t,N}, z^{t,M}\right) p\left(s^t | u^t, x^{t,M,N}, y^{t,N}, z^{t,M}\right)\\
&= p\left(\Psi, \Theta | s^t, x^{t,M,N}, y^{t,N}, z^{t,M}\right) p\left(s^t | u^t, y^{t,N}, z^{t,M}\right)\\
&= p\left(\Theta | \Psi, s^t, x^{t,M,N}, y^{t,N}, z^{t,M}\right) p\left(\Psi | s^t, x^{t,M,N}, y^{t,N}, z^{t,M}\right) p\left(s^t | u^t, y^{t,N}, z^{t,M}\right)\\
&= p\left(\Theta | \Psi, s^t, x^{t,M,N}, y^{t,N}\right) p\left(\Psi | s^t, x^{t,M,N}, z^{t,M}\right) p\left(s^t | u^t, y^{t,N}, z^{t,M}\right)
\end{aligned}
\tag{10.5}
$$

在路径已知的条件下，传感器网络参数之间相对独立，因此可得到如下分解：

$$
\begin{aligned}
&p\left(\Psi, s^t, \Theta | u^t, x^{t,M,N}, y^{t,N}, z^{t,M}\right)\\
&= p\left(\Theta | \Psi, s^t, x^{t,M,N}, y^{t,N}\right) \prod_{m=1}^{M} p\left(\psi_m | s^t, x^{t,M,N}, z^{t,M}\right)\\
&\quad \times p\left(s^t | u^t, y^{t,N}, z^{t,M}\right)
\end{aligned}
\tag{10.6}
$$

进一步地，在路径和传感器网络参数已知的条件下，各环境特征之间相对独立，可得

$$
\begin{aligned}
&p\left(\Psi, s^t, \Theta | u^t, x^{t,M,N}, y^{t,N}, z^{t,M}\right)\\
&= \prod_{n=1}^{N} p\left(\theta_n | \Psi, s^t, x^{t,M,N}, y^{t,N}\right) \prod_{m=1}^{M} p\left(\psi_m | s^t, x^{t,M,N}, z^{t,M}\right)\\
&\quad \times p\left(s^t | u^t, y^{t,N}, z^{t,M}\right)
\end{aligned}
\tag{10.7}
$$

由上式可见, 物联网机器人同时定位、标定与建图问题被分解为 1 个由 $p(s^t|u^t,$ $y^{t,N}, z^{t,M})$ 表示的机器人运动轨迹估计问题、M 个由 $p(\psi_m|s^t, x^{t,M,N}, z^{t,M})$ 表示的传感器网络参数估计问题和 N 个由 $p(\theta_n|\Psi, s^t, x^{t,M,N}, y^{t,N})$ 表示的环境特征估计问题. 直观起见, 图 10.2 给出了物联网机器人系统同时机器人定位、传感器网络标定与环境建图问题的动态贝叶斯网络模型.

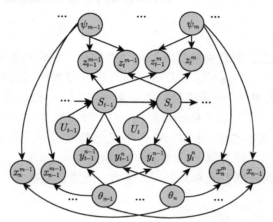

图 10.2　物联网机器人系统同时定位、标定与建图问题的动态贝叶斯网络

基于 Rao-Blackwellized 粒子滤波的思想, 机器人运动轨迹的递归估计由粒子滤波器完成, 各粒子对应传感器网络参数估计和特征地图估计均由扩展 Kalman 滤波器完成. 假定粒子个数为 K, 对于 t 时刻的第 k 个粒子 $S_t^{(k)}$, $S_t^{(k)}$ 对应的机器人运动轨迹表示为 $s_t^{(k)}$, $S_t^{(k)}$ 对应第 m 个传感器节点的参数用均值和方差表示为 $\psi_t^{(k)(m)} = \{\mu_{\psi,t}^{(k)(m)}, \Sigma_{\psi,t}^{(k)(m)}\}$; t 时刻 $S_t^{(k)}$ 对应第 n 个环境特征用均值和方差表示为 $\theta_t^{(k)(n)} = \{\mu_{\theta,t}^{(k)(n)}, \Sigma_{\theta,t}^{(k)(n)}\}$.

t 时刻由粒子 $S_t^{(k)}$ 表征的系统状态为

$$S_t^{(k)} = \{s_t^{(k)}, \{\mu_{\psi,t}^{(k)(m)}, \Sigma_{\psi,t}^{(k)(m)}\}_{m=1,\cdots,M}, \{\mu_{\theta,t}^{(k)(n)}, \Sigma_{\theta,t}^{(k)(n)}\}_{n=1,\cdots,N}\} \tag{10.8}$$

则整个系统的信度函数由 K 个加权粒子表示为

$$\mathrm{Bel}(X_t) = \{S_t^{(k)}, w_t^{(k)}\}_{k=1,\cdots,K} \tag{10.9}$$

10.2.2　传感器网络辅助机器人位姿估计

理论上, 为保证尽可能逼近真实的状态分布, 机器人位姿粒子 $s_t^{(k)}$ 应从后验分布 $p(s_t|s^{t-1,(k)}, u^t, y^{t,N}, z^{t,M})$ 采样, 但在实际中该后验分布难以得到, 根据贝叶斯公式、Chapman-Kolmogorov 方程和马尔可夫特性, 将该后验分布分解如下:

$$s_t^{(k)} \sim p(s_t|s^{t-1,(k)}, u^t, y^{t,N}, z^{t,M})$$

$$= \frac{p\left(z_t^M|s_t, s^{t-1,(k)}, u^t, y^{t,N}, z^{t-1,M}\right)}{p\left(z_t^M|s^{t-1,(k)}, u^t, y^{t,N}, z^{t-1,M}\right)} p\left(s_t|s^{t-1,(k)}, u^t, y^{t,N}, z^{t-1,M}\right)$$

$$= \frac{p\left(z_t^M|s_t, s^{t-1,(k)}, u^t, y^{t,N}, z^{t-1,M}\right)}{p\left(z_t^M|s^{t-1,(k)}, u^t, y^{t,N}, z^{t-1,M}\right)} \frac{p\left(y_t^N|s_t, s^{t-1,(k)}, u^t, y^{t-1,N}, z^{t-1,M}\right)}{p\left(y_t^N|s^{t-1,(k)}, u^t, y^{t-1,N}, z^{t-1,M}\right)}$$
$$\times\, p(s_t|s^{t-1,(k)}, u^t, y^{t-1,N}, z^{t-1,M})$$

$$= \eta^{(k)} p(s_t|s^{t-1,(k)}, u^t, y^{t-1,N}, z^{t-1,M})$$
$$\times\, p(z_t^M|s_t, s^{t-1,(k)}, u^t, y^{t,N}, z^{t-1,M}) p(y_t^N|s_t, s^{t-1,(k)}, u^t, y^{t-1,N}, z^{t-1,M})$$

$$= \eta^{(k)} p(s_t|s_{t-1}^{(k)}, u_t) p(z_t^M|s_t, s^{t-1,(k)}, u^t, y^{t,N}, z^{t-1,M})$$
$$\times\, p(y_t^N|s_t, s^{t-1,(k)}, u^t, y^{t-1,N}, z^{t-1,M})$$

$$= \eta^{(k)} \underbrace{p(s_t|s_{t-1}^{(k)}, u_t)}_{\sim N(s_t; h(s_{t-1}^{(k)}, u_t), P_t)} \int \underbrace{p(z_t^m|s_t, \psi_m)}_{\sim N(z_t^m; f(s_t, \psi_m), Q_t)} \underbrace{p(\psi_m|s^{t-1,(k)}, z^{t-1,m})}_{\sim N(\psi_m; \mu_{\psi,t-1}^{(k)(m)}, \Sigma_{\psi,t-1}^{(k)(m)})} \mathrm{d}\psi_m$$
$$\times \int \underbrace{p(y_t^n|s_t, \theta_n)}_{\sim N(y_t^n; g(\theta_n, s_t), R_t)} \underbrace{p(\theta_n|s^{t-1,(k)}, y^{t-1,n})}_{\sim N(\theta_n; \mu_{\theta,t-1}^{(k)(n)}, \Sigma_{\theta,t-1}^{(k)(n)})} \mathrm{d}\theta_n \tag{10.10}$$

式 (10.10) 中, 系数 $\eta^{(k)} = p(z_t^M|s^{t-1,(k)}, u^t, y^{t,N}, z^{t-1,M})^{-1} \times p(y_t^N|s^{t-1,(k)}, u^t,$
$y^{t-1,N}, z^{t-1,M})^{-1}$; $p(s_t|s_{t-1}^{(k)}, u_t)$, $p(z_t^m|s_t, \psi_m)$ 和 $p(y_t^n|s_t, \theta_n)$ 分别为机器人运动模型 $h(\cdot)$、传感器节点对机器人的观测模型 $f(\cdot)$ 和机器人对环境特征点的观测模型 $g(\cdot)$; $p(\psi_m|s^{t-1,(k)}, z^{t-1,m})$ 为根据机器人历史路径 $s^{t-1,(k)}$ 及其在传感器网络第 m 个节点中的历史观测 $z^{t-1,m}$ 求得该节点参数 ψ_m 的概率, 计算时用 $N(\psi_m; \mu_{\psi,t-1}^{(k)(m)},$ $\Sigma_{\psi,t-1}^{(k)(m)})$ 代替; $p(\theta_n|s^{t-1,(k)}, y^{t-1,n})$ 为根据机器人历史路径 $s^{t-1,(k)}$ 及其对第 n 个环境特征点的历史观测 $y^{t-1,n}$ 求得该点当前位置 θ_n 的概率, 计算时用 $N(\theta_n; \mu_{\theta,t-1}^{(k)(n)},$ $\Sigma_{\theta,t-1}^{(k)(n)})$ 代替.

由于函数 $h(\cdot)$, $f(\cdot)$ 和 $g(\cdot)$ 的非线性, 式 (10.10) 仍难以获得解析解, 利用泰勒变换将观测函数 $f(\cdot)$ 和 $g(\cdot)$ 分别进行一阶泰勒展开, 从而将其线性化表示为

$$f(s_t, \psi_m) \approx \hat{z}_t^{m,(k)} + F_s(s_t - \hat{s}_t^{(k)}) + F_\psi(\psi_m - \mu_{\psi,t-1}^{(k)(m)}) \tag{10.11}$$

$$g(\theta_n, s_t) \approx \hat{y}_t^{n,(k)} + G_s(s_t - \hat{s}_t^{(k)}) + G_\theta(\theta_n - \mu_{\theta,t-1}^{(k)(n)}) \tag{10.12}$$

式中, $\hat{s}_t^{(k)} = h(s_{t-1}^{(k)}, u_t)$ 是根据机器人运动模型 $h(\cdot)$ 预测的机器人位姿, $\hat{z}_t^{m,(k)} =$ $f(\hat{s}_t^{(k)}, \mu_{\psi,t-1}^{(k)(m)})$ 是由观测模型 $f(\cdot)$ 预测的传感器网络对机器人的观测值, $\hat{y}_t^{n,(k)} =$ $g(\hat{s}_t^{(k)}, \mu_{\theta,t-1}^{(k)(n)})$ 是由观测模型 $g(\cdot)$ 预测的机器人对环境特征的观测值. F_s 和 F_ψ 分

别是 $f(\cdot)$ 对应于 s_t 和 ψ_m 的雅可比矩阵；G_s 和 G_θ 分别是 $g(\cdot)$ 对应于 s_t 和 θ_n 的雅可比矩阵.

通过上面的线性化，可以获得两个积分项的解析解，分别为两个正态分布：

$$\int p(z_t^m|s_t,\psi_m)p(\psi_m|s^{t-1,(k)},z^{t-1,m})\mathrm{d}\psi_m$$

$$\sim N(z_t^m; \hat{z}_t^{m,(k)} + F_s s_t - F_s \hat{s}_t^{(k)}, Q_t + F_\psi \Sigma_{\psi,t-1}^{(k)(m)} F_\psi^{\mathrm{T}}) \tag{10.13}$$

$$\times \int p(y_t^n|s_t,\theta_n)p(\theta_n|s^{t-1,(k)},y^{t-1,n})\mathrm{d}\theta_n$$

$$\sim N(y_t^n; \hat{y}_t^{n,(k)} + G_s s_t - G_s \hat{s}_t^{(k)}, R_t + G_\theta \Sigma_{\theta,t-1}^{(k)(n)} G_\theta^{\mathrm{T}}) \tag{10.14}$$

则后验分布 (10.10) 可转化为若干高斯分布的乘积，假设可表示如下：

$$p(s_t|s^{t-1,(k)},u^t,y^{t,N},z^{t,M}) = \eta' \exp\{-E_t^{(k)}\} \tag{10.15}$$

其中，

$$E_t^{(k)} = \frac{1}{2}(s_t - \hat{s}_t^{(k)})^{\mathrm{T}} P_t^{-1}(s_t - \hat{s}_t^{(k)})$$

$$+ \frac{1}{2}(z_t^m - \hat{z}_t^{m,(k)} - F_s s_t + F_s \hat{s}_t^{(k)})^{\mathrm{T}}(Q_t + F_\psi \Sigma_{\psi,t-1}^{(k)(m)} F_\psi^{\mathrm{T}})^{-1}$$

$$\times (z_t^m - \hat{z}_t^{m,(k)} - F_s s_t + F_s \hat{s}_t^{(k)})$$

$$+ \frac{1}{2}(y_t^n - \hat{y}_t^{n,(k)} - G_s s_t + G_s \hat{s}_t^{(k)})^{\mathrm{T}}(R_t + G_\theta \Sigma_{\theta,t-1}^{(k)(n)} G_\theta^{\mathrm{T}})^{-1}$$

$$\times (y_t^n - \hat{y}_t^{n,(k)} - G_s s_t + G_s \hat{s}_t^{(k)}) \tag{10.16}$$

可以看出，$E_t^{(k)}$ 是关于机器人状态 s_t 的二次方程，则上式仍满足高斯分布，且均值和方差分别等于 $E_t^{(k)}$ 的最小值及该点曲率. $E_t^{(k)}$ 对 s_t 的一阶导数和二阶导数分别为

$$\frac{\partial E_t^{(k)}}{\partial s_t} = P_t^{-1}(s_t - \hat{s}_t^{(k)}) - F_s^{\mathrm{T}}(Q_t + F_\psi \Sigma_{\psi,t-1}^{(k)(m)} F_\psi^{\mathrm{T}})^{-1}(z_t^m - \hat{z}_t^{m,(k)} - F_s s_t + F_s \hat{s}_t^{(k)})$$

$$- G_s^{\mathrm{T}}(R_t + G_\theta \Sigma_{\theta,t-1}^{(k)(n)} G_\theta^{\mathrm{T}})^{-1}(y_t^n - \hat{y}_t^{n,(k)} - G_s s_t + G_s \hat{s}_t^{(k)}) \tag{10.17}$$

$$\frac{\partial^2 E_t^{(k)}}{\partial s_t^2} = P_t^{-1} + F_s^{\mathrm{T}}(Q_t + F_\psi \Sigma_{\psi,t-1}^{(k)(m)} F_\psi^{\mathrm{T}})^{-1} F + G_s^{\mathrm{T}}(R_t + G_\theta \Sigma_{\theta,t-1}^{(k)(n)} G_\theta^{\mathrm{T}})^{-1} G_s \tag{10.18}$$

s_t 的方差 $\Sigma_{s,t}^{(k)}$ 即为 $E_t^{(k)}$ 关于 s_t 的二阶导数的倒数 (也即曲率)：

$$\Sigma_{s,t}^{(k)} = (P_t^{-1} + F_s^{\mathrm{T}}(Q_t + F_\psi \Sigma_{\psi,t-1}^{(k)(m)} F_\psi^{\mathrm{T}})^{-1} F$$

$$+ G_s^{\mathrm{T}}(R_t + G_\theta \Sigma_{\theta,t-1}^{(k)(n)} G_\theta^{\mathrm{T}})^{-1} G_s)^{-1} \tag{10.19}$$

令 $E_t^{(k)}$ 关于 s_t 的一阶导数为零, 即得 s_t 的均值 $\mu_{s,t}^{(k)}$:

$$\mu_{s,t}^{(k)} = \hat{s}_t^{(k)} + \Sigma_{s,t}^{(k)} F_s^{\mathrm{T}}(Q_t + F_\psi \Sigma_{\psi,t-1}^{(k)(m)} F_\psi^{\mathrm{T}})^{-1}(z_t^m - \hat{z}_t^{m,(k)})$$
$$+ \Sigma_{s,t}^{(k)} G_s^{\mathrm{T}}(R_t + G_\theta \Sigma_{\theta,t-1}^{(k)(n)} G_\theta^{\mathrm{T}})^{-1}(y_t^n - \hat{y}_t^{n,(k)}) \tag{10.20}$$

至此, 依据机器人输入控制序列 u^t、传感器网络对机器人的观测序列 $z^{t,M}$, 以及机器人对环境特征的观测序列 $y^{t,N}$ 得到了粒子提议分布 $p(s_t|s^{t-1,(k)}, u^t, y^{t,N}, z^{t,M})$ 的高斯形式 $N(s_t; \mu_{s,t}^{(k)}, \Sigma_{s,t}^{(k)})$, 从中采样得到的新粒子.

不难看出, 当仅存在机器人对环境特征的观测, 而不存在传感器网络对机器人的观测时, 即 $\{z_t\} = \mathrm{NULL}$ 且 $\{y_t\} \neq \mathrm{NULL}$, 则式 (10.19), (10.20) 可简化为

$$\Sigma_{s,t}^{(k)} = [P_t^{-1} + G_s^{\mathrm{T}}(R_t + G_\theta \Sigma_{\theta,t-1}^{(k)(n)} G_\theta^{\mathrm{T}})^{-1} G_s]^{-1} \tag{10.21}$$

$$\mu_{s,t}^{(k)} = \hat{s}_t^{(k)} + \Sigma_{s,t}^{(k)} G_s^{\mathrm{T}}(R_t + G_\theta \Sigma_{\theta,t-1}^{(k)(n)} G_\theta^{\mathrm{T}})^{-1}(y_t^n - \hat{y}_t^{n,(k)}) \tag{10.22}$$

则此时该问题退化为传统 SLAM 中的机器人定位问题.

10.2.3 粒子权值计算及重采样

鉴于采样粒子数量有限及样本退化问题, 由粒子群模拟的机器人轨迹与机器人实际轨迹之间往往存在偏差, 故需要引入重采样环节, 以去除权值较小粒子对机器人轨迹估计的影响. 上节中, 在近似估计式 (10.10) 时, 并未考虑不同粒子之间归一化系数 $\eta^{(k)}$ 的差异, 为了弥补这种偏差, 将机器人运动轨迹的后验概率分布与假定后验概率分布之比作为重采样时粒子的权值, 即

$$w_t^{(k)} = \frac{\text{true}}{\text{proposal}} = \frac{p\left(s^{t,(k)}|u^t, y^{t,N}, z^{t,M}\right)}{p\left(s^{t-1,(k)}|u^{t-1}, y^{t-1,N}, z^{t-1,M}\right) p(s_t^{(k)}|u^t, s^{t-1,(k)}, y^{t,N}, z^{t,M})} \tag{10.23}$$

根据贝叶斯公式和马尔可夫特性, 将上式分解为

$$\begin{aligned} w_t^{(k)} &= \frac{p(s_t^{(k)}|s^{t-1,(k)}, u^t, y^{t,N}, z^{t,M}) p\left(s^{t-1,(k)}|u^t, y^{t,N}, z^{t,M}\right)}{p\left(s^{t-1,(k)}|u^{t-1}, y^{t-1,N}, z^{t-1,M}\right) p(s_t^{(k)}|s^{t-1,(k)}, u^t, y^{t,N}, z^{t,M})} \\ &= \frac{p\left(s^{t-1,(k)}|u^t, y^{t,N}, z^{t,M}\right)}{p\left(s^{t-1,(k)}|u^{t-1}, y^{t-1,N}, z^{t-1,M}\right)} \\ &= \frac{p\left(z_t^M|s^{t-1,(k)}, u^t, y^{t,N}, z^{t-1,M}\right) p\left(s^{t-1,(k)}|u^t, y^{t,N}, z^{t-1,M}\right)}{p\left(z_t^M|u^t, y^{t,N}, z^{t-1,M}\right) p\left(s^{t-1,(k)}|u^{t-1}, y^{t-1,N}, z^{t-1,M}\right)} \\ &= p(y_t^N|s^{t-1,(k)}, u^t, y^{t-1,N}, z^{t-1,M}) p(z_t^M|s^{t-1,(k)}, u^t, y^{t,N}, z^{t-1,M}) \end{aligned}$$

$$\times p(s^{t-1,(k)}|u^t, y^{t-1,N}, z^{t-1,M})/p\left(y_t^N|u^t, y^{t-1,N}, z^{t-1,M}\right)$$

$$\times p\left(z_t^M|u^t, y^{t,N}, z^{t-1,M}\right)p(s^{t-1,(k)}|u^{t-1}, y^{t-1,N}, z^{t-1,M})$$

$$\propto p(z_t^M|s^{t-1,(k)}, u^t, y^{t,N}, z^{t-1,M})p(y_t^N|s^{t-1,(k)}, u^t, y^{t-1,N}, z^{t-1,M}) \quad (10.24)$$

可见，粒子权值正好与式 (10.10) 的归一化系数 $\eta^{(k)}$ 成反比. 其中，前一个概率分布 $p\left(z_t^M|s^{t-1,(k)}, u^t, y^{t,N}, z^{t-1,M}\right)$ 可进一步分解如下：

$$p(z_t^M|s^{t-1,(k)}, u^t, y^{t,N}, z^{t-1,M})$$

$$= \int p(z_t^M|s_t, s^{t-1,(k)}, u^t, z^{t-1,M})p(s_t|s^{t-1,(k)}, u^t, z^{t-1}, y^{t,N})\mathrm{d}s_t$$

$$= \int p(z_t^M|s_t, s^{t-1,(k)}, u^t, z^{t-1,M})p(s_t|s_{t-1}^{(k)}, u_t)\mathrm{d}s_t$$

$$= \iint p(z_t^m|\psi_m, s_t, s^{t-1,(k)}, u^t, z^{t-1,m})$$

$$\times p(\psi_m|s_t, s^{t-1,(k)}, u^t, z^{t-1,m})\mathrm{d}\psi_m p(s_t|s_{t-1}^{(k)}, u_t)\mathrm{d}s_t$$

$$= \iint p(z_t^m|\psi_m, s_t)p(\psi_m|s^{t-1,(k)}, z^{t-1,m})\mathrm{d}\psi_m p(s_t|s_{t-1}^{(k)}, u_t)\mathrm{d}s_t \quad (10.25)$$

用同样的方法，可得后一个概率分布 $p(y_t^N|s^{t-1}, u^t, y^{t-1,N}, z^{t-1,M})$ 的分解如下：

$$p(y_t^N|s^{t-1,(k)}, u^t, y^{t-1,N}, z^{t-1,M})$$

$$= \iint p(y_t^n|s_t, \theta_n)p(\theta_n|s^{t-1,(k)}, y^{t-1,n})\mathrm{d}\theta_n p(s_t|s_{t-1}^{(k)}, u_t)\mathrm{d}s_t \quad (10.26)$$

则权值可表示为下面两个多重积分的乘积：

$$w_t^{(k)} \propto p(z_t^M|s^{t-1,(k)}, u^t, y^{t,N}, z^{t-1,M})p(y_t^N|s^{t-1,(k)}, u^t, y^{t-1,N}, z^{t-1,M})$$

$$= \iint \underbrace{p\left(z_t^m|s_t, \psi_m\right)}_{\sim N(z_t^m; f(s_t, \psi_m), Q_t)} \underbrace{p\left(\psi_m|s^{t-1}, z^{t-1,m}\right)}_{\sim N\left(\psi_m; \mu_{\psi,t-1}^{(k)(m)}, \Sigma_{\psi,t-1}^{(k)(m)}\right)} \mathrm{d}\psi_m \underbrace{p(s_t|s_{t-1}^{(k)}, u_t)}_{\sim N(s_t; h(s_{t-1}^{(k)}, u_t), P_t)} \mathrm{d}s_t$$

$$\times \iint \underbrace{p\left(y_t^n|s_t, \theta_n\right)}_{\sim N(y_t^n; g(\theta_n, s_t), R_t)} \underbrace{p\left(\theta_n|s^{t-1}, y^{t-1,n}\right)}_{\sim N(\theta_n; \mu_{\theta,t-1}^{(k)(n)}, \Sigma_{\theta,t-1}^{(k)(n)})} \mathrm{d}\theta_n \underbrace{p(s_t|s_{t-1}^{(k)}, u_t)}_{\sim N(s_t; h(s_{t-1}^{(k)}, u_t), P_t)} \mathrm{d}s_t \quad (10.27)$$

通过前面的方法，可得上式中两个双重积分的高斯形式如下：

$$\iint p\left(z_t^m|s_t, \psi_m\right)p\left(\psi_m|s^{t-1}, z^{t-1,m}\right)\mathrm{d}\psi_m p(s_t|s_{t-1}^{(k)}, u_t)\mathrm{d}s_t$$

$$\sim N(z_t^m; \hat{z}_t^{(k)}, Q_t + F_s P_t F_s^\mathrm{T} + F_\psi \Sigma_{\psi,t-1}^{(k)(m)} F_\psi^\mathrm{T}) \tag{10.28}$$

$$\iint p\left(y_t^n | s_t, \theta_n\right) p\left(\theta_n | s^{t-1}, y^{t-1,n}\right) \mathrm{d}\theta_n p(s_t | s_{t-1}^{(k)}, u_t) \mathrm{d}s_t$$

$$\sim N(y_t^n; \hat{y}_t^{(k)}, R_t + G_s P_t G_s^\mathrm{T} + G_\theta \Sigma_{\theta,t-1}^{(k)(n)} F_\theta^\mathrm{T}) \tag{10.29}$$

令 $L_{z,t}^{(k)} = Q_t + F_s P_t F_s^\mathrm{T} + F_\psi \Sigma_{\psi,t-1}^{(k)(m)} F_\psi^\mathrm{T}$, $L_{y,t}^{(k)} = R_t + G_s P_t G_s^\mathrm{T} + G_\theta \Sigma_{\theta,t-1}^{(k)(n)} F_\theta^\mathrm{T}$, 则第 k 个粒子的权值可表示为

$$w_t^{(k)} = |2\pi L_{y,t}^{(k)}|^{-1/2} |2\pi L_{z,t}^{(k)}|^{-1/2} \exp\{-\frac{1}{2}(z_t^m - \hat{z}_t^{m,(k)})^\mathrm{T} L_{z,t}^{(i)-1}(z_t^m - \hat{z}_t^{m,(k)})$$
$$-\frac{1}{2}(y_t^n - \hat{y}_t^{n,(k)})^\mathrm{T} L_{y,t}^{(k)}(y_t^n - \hat{y}_t^{n,(k)})\} \tag{10.30}$$

在得到各粒子的权值之后, 需要将其进行归一化处理. 粒子重采样即根据当前粒子的归一化权值, 计算有效粒子数 $N_\mathrm{eff} = 1/\sum_{k=1}^{K}(w_t^{(k)})^2$, 当 $N_\mathrm{eff} < N_\mathrm{threshold}$ 时, 将原来的带权粒子集 $\{S_t^{(k)}, w_t^{(k)}\}_{k=1,\cdots,K}$ 映射为等权粒子集 $\{S_t^{(k)}, 1/K\}_{k=1,\cdots,K}$.

10.2.4 传感器网络标定

根据贝叶斯公式和马尔可夫特性可知:

$$p\left(\psi_m | s^t, u^t, x^{t,M,N}, y^{t,N}, z^{t,M}\right)$$

$$= \frac{p\left(z_t^M | \psi_m, s^t, u^t, x^{t,M,N}, y^{t,N}, z^{t-1,M}\right)}{p\left(z_t^M | s^t, u^t, x^{t,M,N}, y^{t,N}, z^{t-1,M}\right)} p\left(\psi_m | s^t, u^t, x^{t,M,N}, y^{t,N}, z^{t-1,M}\right)$$

$$= \frac{p\left(z_t^M | \psi_m, s^t, u^t, x^{t,M,N}, y^{t,N}, z^{t-1,M}\right)}{p\left(z_t^M | s^t, u^t, x^{t,M,N}, y^{t,N}, z^{t-1,M}\right)} \frac{p(x_t^{M,N} | \psi_m, s^t, u^t, x^{t-1,M,N}, y^{t,N}, z^{t-1,M})}{p(x_t^{M,N} | s^t, u^t, x^{t-1,M,N}, y^{t,N}, z^{t-1,M})}$$

$$\times p\left(\psi_m | s^t, u^t, x^{t-1,M,N}, y^{t,N}, z^{t-1,M}\right)$$

$$= \eta p\left(z_t^M | \psi_m, s^t, u^t, x^{t,M,N}, y^{t,N}, z^{t-1,M}\right) p(x_t^{M,N} | \psi_m, s^t, u^t, x^{t-1,M,N}, y^{t,N}, z^{t-1,M})$$

$$\times p\left(\psi_m | s^t, u^t, x^{t-1,M,N}, y^{t,N}, z^{t-1,M}\right)$$

$$= \eta \underbrace{p\left(z_t^m | s_t, \psi_m\right)}_{\sim N(z_t^m; f(s_t, \psi_m), Q_t)} \int \underbrace{p\left(x_{t,n}^m | \psi_m, \theta_n\right)}_{\sim N(x_t^{m,n}; d(\psi_m, \theta_n), T_t)} \underbrace{p\left(\theta_n | \psi_m, s^t, x^{t-1,M,N}, y^{t,N}\right)}_{\sim N\left(\theta_n; \mu_{\theta,t-1}^{(k)}, \Sigma_{\theta,t-1}^{(k)}\right)} \mathrm{d}\theta_n$$

$$\times \underbrace{p\left(\psi_m | s^t, u^t, x^{t-1,M,N}, z^{t-1,M}\right)}_{\sim N\left(\psi_m; \mu_{\psi,t-1}^{(k)}, \Sigma_{\psi,t-1}^{(k)}\right)} \tag{10.31}$$

上式中，$p\left(z_t^m|s_t,\psi_m\right)$ 和 $p\left(x_{t,n}^m|\psi_m,\theta_n\right)$ 分别为传感器网络对机器人和环境特征的观测模型. 由于此两个观测模型均为非线性函数，故上式难以直接得到解析解. 采用与式 (10.11) 和 (10.12) 相同的方法将其进行一阶泰勒展开，得到

$$f\left(s_t,\psi_m\right) \approx \hat{z}_t^{m,(k)} + F_\psi(\psi_m - \mu_{\psi,t-1}^{(k)(m)}) \tag{10.32}$$

$$d\left(\psi_m,\theta_n\right) \approx \hat{x}_{t,n}^{m,(k)} + D_\theta(\theta_n - \mu_{\theta,t-1}^{(k)(n)}) + D_\psi(\psi_m - \mu_{\psi,t-1}^{(k)(m)}) \tag{10.33}$$

其中，$\hat{x}_{t,n}^{m,(k)} = d(\mu_{\theta,t-1}^{(k)(n)},\mu_{\psi,t-1}^{(k)(m)})$；矩阵 F_ψ 是 $f\left(\cdot\right)$ 对应于 ψ_m 的雅可比矩阵；矩阵 D_θ, D_ψ 分别是 $d\left(\cdot\right)$ 对应于 θ_n, ψ_m 的雅可比矩阵. 则不难推得

$$p\left(z_t^m|s_t,\psi_m\right) \sim N(z_t^m; \hat{z}_t^{m,(k)} + F_\psi\psi_m - F_\psi\mu_{\psi,t-1}^{(k)(m)}, Q_t) \tag{10.34}$$

$$\int p\left(x_{t,n}^m|\psi_m,\theta_n\right) p(\theta_n|\psi_m, s^{t,(k)}, x^{t-1,M,N}, y^{t,N}) \mathrm{d}\theta_n$$

$$\sim N(x_{t,n}^m; \hat{x}_{t,n}^{m,(k)} + D_\psi x_{t,n}^m - D_\psi\mu_{\psi,t-1}^{(k)(m)}, T_t + D_\theta\Sigma_{\theta,t-1}^{(k)(n)}D_\theta^\mathrm{T}) \tag{10.35}$$

则上式可表示为多个正态分布乘积的形式，即

$$p\left(\psi_m|s^t, u^t, x^{t,M,N}, y^{t,N}, z^{t,M}\right) = \eta' \exp\{-J_t^{(k)}\} \tag{10.36}$$

其中，

$$J_t^{(k)} = \frac{1}{2}(\psi_m - \mu_{\psi,t-1}^{(k)(m)})^\mathrm{T} (\Sigma_{\psi,t-1}^{(k)(m)})^{-1}(\psi_m - \mu_{\psi,t-1}^{(k)(m)})$$

$$+ \frac{1}{2}(z_t^m - \hat{z}_t^{m,(k)} - F_\psi\psi_m + F_\psi\mu_{\psi,t-1}^{(k)(m)})^\mathrm{T}$$

$$\times Q_t^{-1}(z_t^m - \hat{z}_t^{m,(k)} - F_\psi\psi_m + F_\psi\mu_{\psi,t-1}^{(k)(m)})$$

$$+ \frac{1}{2}(x_{t,n}^m - \hat{x}_{t,n}^{m,(k)} - D_\psi\psi_m + D_\psi\mu_{\psi,t-1}^{(k)(m)})^\mathrm{T}$$

$$\times (T_t + D_\theta\Sigma_{\theta,t-1}^{(k)(n)}D_\theta^\mathrm{T})^{-1}(x_{t,n}^m - \hat{x}_{t,n}^{m,(k)} - D_\psi\psi_m + D_\psi\mu_{\psi,t-1}^{(k)(m)}) \tag{10.37}$$

可以看出，$J_t^{(k)}$ 是关于传感器节点参数 ψ_m 的二次方程，故上式仍满足高斯分布，且均值和方差分别等于 $J_t^{(k)}$ 的最小值及该点曲率. $J_t^{(k)}$ 对 ψ_m 的一阶导数和二阶导数分别为

$$\frac{\partial J_t^{(k)}}{\partial \psi_m} = (\Sigma_{\psi,t-1}^{(k)(m)})^{-1}(\psi_m - \mu_{\psi,t-1}^{(k)(m)})$$

$$- F_\psi^\mathrm{T}Q_t^{-1}(z_t^m - \hat{z}_t^{m,(k)} - F_\psi(\psi_m - \mu_{\psi,t-1}^{(k)(m)}))$$

$$- D_\psi^{\mathrm{T}}(T_t + D_\theta \Sigma_{\theta,t-1}^{(k)(n)} D_\theta^{\mathrm{T}})^{-1}$$
$$(x_t - \hat{x}_{t,n}^{m,(k)} - D_\psi s_t + G_s \hat{s}_t^{(k)}(\psi_m - \mu_{\psi,t-1}^{(k)(m)})) \tag{10.38}$$

$$\frac{\partial J_t^{(k)}}{\partial \psi_m} = (\Sigma_{\psi,t-1}^{(k)(m)})^{-1}(\psi_m - \mu_{\psi,t-1}^{(k)(m)})$$
$$- F_\psi^{\mathrm{T}} Q_t^{-1}(z_t^m - \hat{z}_t^{m,(k)} - F_\psi(\psi_m - \mu_{\psi,t-1}^{(k)(m)}))$$
$$- D_\psi^{\mathrm{T}}(T_t + D_\theta \Sigma_{\theta,t-1}^{(k)(n)} D_\theta^{\mathrm{T}})^{-1}$$
$$\times (x_t - \hat{x}_{t,n}^{m,(k)} - D_\psi s_t + G_s \hat{s}_t^{(k)}(\psi_m - \mu_{\psi,t-1}^{(k)(m)})) \tag{10.39}$$

则 t 时刻 ψ_m 的方差 $\Sigma_{\psi,t}^{(k)(m)}$ 即为 $J_t^{(k)}$ 关于 ψ_m 的二阶导数的倒数:

$$\Sigma_{\psi,t}^{(k)(m)} = \left[\frac{\partial^2 J_t^{(k)}}{\partial \psi_m^2}\right]^{-1} = [(\Sigma_{\psi,t-1}^{(k)(m)})^{-1}$$
$$+ F_\psi^{\mathrm{T}} Q_t^{-1} F_\psi + D_\psi^{\mathrm{T}}(T_t + D_\theta \Sigma_{\theta,t-1}^{(k)(n)} D_\theta^{\mathrm{T}})^{-1} D_\psi]^{-1} \tag{10.40}$$

令 $J_t^{(k)}$ 关于 ψ_m 的一阶导数为零, 即可求解得 t 时刻 ψ_m 的均值 $\mu_{\psi,t}^{(k)(n)}$:

$$\mu_{\psi,t}^{(k)(m)} = \mu_{\psi,t-1}^{(k)(m)} + \Sigma_{\psi,t}^{(k)(m)} F_\psi^{\mathrm{T}} Q_t^{-1}(z_t^m - \hat{z}_t^{m,(k)})$$
$$+ \Sigma_{\psi,t}^{(k)(m)} D_\psi^{\mathrm{T}}(T_t + D_\theta \Sigma_{\theta,t-1}^{(k)(n)} D_\theta^{\mathrm{T}})^{-1}(x_{t,n}^m - \hat{x}_{t,n}^{m,(k)}) \tag{10.41}$$

至此, 传感器网络节点的条件概率估计已近似为方差 $\Sigma_{\psi,t}^{(k)(m)}$ 和均值 $\mu_{\psi,t}^{(k)(m)}$ 的高斯分布, 并且可以看出, 在进行传感器参数估计时, 当前时刻的估计 $\Sigma_{\psi,t}^{(k)(m)}$ 和 $\mu_{\psi,t}^{(k)(m)}$ 依赖于上一时刻的估计 $\Sigma_{\psi,t-1}^{(k)(m)}$ 和 $\mu_{\psi,t-1}^{(k)(m)}$. 基于上一时刻估计得到的传感器节点均值和方差, 结合当前时刻该传感器对机器人位姿的观测, 以及机器人对已定位环境特征的观测, 采用 EKF 算法可以递推地估计出当前时刻的传感器节点参数, 从而实现传感器节点估计的更新, 具体算法见 10.2.6 节.

10.2.5　环境特征地图构建

根据贝叶斯公式和马尔可夫特性可知:

$$p\left(\theta_n | \psi_m, s^t, u^t, x^{t,M,N}, y^{t,N}, z^{t,M}\right)$$
$$= \frac{p\left(y_t^N | \theta_n, \psi_m, s^t, u^t, x^{t,M,N}, y^{t-1,N}, z^{t,M}\right)}{p\left(y_t^N | \psi_m, s^t, u^t, x^{t,M,N}, y^{t-1,N}, z^{t,M}\right)}$$
$$\times p\left(\theta_n | \psi_m, s^t, u^t, x^{t,M,N}, y^{t-1,N}, z^{t,M}\right)$$
$$= \frac{p\left(y_t^N | \theta_n, \psi_m, s^t, u^t, x^{t,M,N}, y^{t-1,N}, z^{t,M}\right)}{p\left(y_t^N | \psi_m, s^t, u^t, x^{t,M,N}, y^{t-1,N}, z^{t,M}\right)}$$

$$\times \frac{p(x_t^{M,N}|\theta_n, \psi_m, s^t, u^t, x^{t-1,M,N}, y^{t-1,N}, z^{t,M})}{p(x_t^{M,N}|\psi_m, s^t, u^t, x^{t-1,M,N}, y^{t-1,N}, z^{t,M})}$$

$$\times p\left(\theta_n|\psi_m, s^t, u^t, x^{t-1,M,N}, y^{t-1,N}, z^{t,M}\right)$$

$$= \eta p\left(y_t^N|\theta_n, \psi_m, s^t, u^t, x^{t,M,N}, y^{t-1,N}, z^{t,M}\right)$$

$$\times p\left(x_t^{M,N}|\theta_n, \psi_m, s^t, u^t, x^{t-1,M,N}, y^{t-1,N}, z^{t,M}\right)$$

$$\times p(\theta_n|\psi_m, s^t, u^t, x^{t-1,M,N}, y^{t-1,N}, z^{t,M})$$

$$= \eta \underbrace{p\left(y_t^n|s_t, \theta_n\right)}_{\sim N(y_t^n; g(s_t, \theta_n), R_t)} \underbrace{p\left(x_{t,n}^m|\psi_m, \theta_n\right)}_{\sim N(x_{t,n}^m; d(\psi_m, \theta_n), T_t)}$$

$$\times \underbrace{p\left(\theta_n|\psi_m, s^t, u^t, x^{t-1,M,N}, y^{t-1,N}, z^{t,M}\right)}_{\sim N(\theta_n; \mu_{\theta,t-1}^{(k)(n)}, \Sigma_{\theta,t-1}^{(k)(n)})} \tag{10.42}$$

上式中，$p\left(y_t^n|s_t, \theta_n\right)$ 和 $p\left(x_{t,n}^m|\psi_m, \theta_n\right)$ 分别为机器人对环境特征的观测模型和传感器网络对环境特征的观测模型. 由于此两个观测模型均为非线性函数，故上式难以直接得到解析解. 同样采用与式 (10.11)，(10.12) 相同的方法将其进行一阶泰勒展开，可得

$$g\left(s_t, \theta_n\right) \approx \hat{y}_t^{n,(k)} + G_\theta(\theta_n - \mu_{\theta,t-1}^{(k)(n)}) \tag{10.43}$$

$$d\left(\psi_m, \theta_n\right) \approx \hat{x}_{t,n}^{m,(k)} + D_\theta(\theta_n - \mu_{\theta,t-1}^{(k)(n)}) \tag{10.44}$$

其中，矩阵 G_θ 和 D_θ 分别是 $g\left(\cdot\right)$ 和 $d\left(\cdot\right)$ 对应于 θ_n 的雅可比矩阵，则有

$$p\left(y_t^n|s_t, \theta_n\right) \sim N(y_t; \hat{y}_t^{n,(k)} + G_\theta\theta_n - G_\theta\mu_{\theta,t-1}^{(k)(n)}, R_t) \tag{10.45}$$

$$p\left(x_{t,n}^m|\psi_m, \theta_n\right) \sim N(x_t; \hat{x}_{t,n}^{m,(k)} + D_\theta\theta_n - D_\theta\mu_{\theta,t-1}^{(k)(n)}, T_t) \tag{10.46}$$

则式 (10.42) 可表示为多个正态分布乘积的形式，即

$$p\left(\theta_n|\psi_m, s^t, u^t, x^{t,M,N}, y^{t,N}, z^{t,M}\right) = \eta' \exp\{-L_t^{(k)}\} \tag{10.47}$$

其中，

$$L_t^{(k)} = \frac{1}{2}(\theta_n - \mu_{\theta,t-1}^{(k)(n)})^{\mathrm{T}} \Sigma_{\theta,t-1}^{(k)(n)-1}(\theta_n - \mu_{\theta,t-1}^{(k)(n)})$$

$$+ \frac{1}{2}(y_t^n - \hat{y}_t^{n,(k)} - G_\theta\theta_n + G_\theta\mu_{\theta,t-1}^{(k)(n)})^{\mathrm{T}}$$

$$\times R_t^{-1}(y_t^n - \hat{y}_t^{n,(k)} - G_\theta\theta_n + G_\theta\mu_{\theta,t-1}^{(k)(n)})$$

$$+ \frac{1}{2}(x_{t,n}^m - \hat{x}_{t,n}^{m,(k)} - D_\theta \theta_n + D_\theta \mu_{\theta,t-1}^{(k)(n)})^{\mathrm{T}}$$

$$\times T_t^{-1}(x_{t,n}^m - \hat{x}_{t,n}^{m,(k)} - D_\theta \theta_n + D_\theta \mu_{\theta,t-1}^{(k)(n)}) \tag{10.48}$$

可见, $L_t^{(k)}$ 是关于环境特征 θ_n 的二次方程, 故式 (10.42) 仍满足高斯分布, 且均值和方差分别等于 $L_t^{(k)}$ 的最小值及该点曲率. 同式 (10.40) 和 (10.41) 的推导, 可得 θ_n 的方差 $\Sigma_{\theta,t}^{(k)(n)}$ 和均值 $\mu_{\theta,t}^{(k)(n)}$:

$$\Sigma_{\theta,t}^{(k)(n)} = \left[\frac{\partial^2 J_t^{(k)}}{\partial \theta_n^2} \right]^{-1} = [(\Sigma_{\theta,t-1}^{(k)(n)})^{-1} + G_\theta^{\mathrm{T}} R_t^{-1} G_\theta + D_\theta^{\mathrm{T}} T_t^{-1} D_\theta]^{-1} \tag{10.49}$$

$$\mu_{\theta,t}^{(k)(n)} = \mu_{\theta,t-1}^{(k)(n)} + \Sigma_{\theta,t}^{(k)(n)} G_\theta^{\mathrm{T}} R_t^{-1}(y_t^n - \hat{y}_t^{n,(k)})$$

$$+ \Sigma_{\theta,t}^{(k)} D_\theta^{\mathrm{T}} T_t^{-1}(x_{t,n}^m - \hat{x}_{t,n}^{m,(k)}) \tag{10.50}$$

至此, 环境特征的条件概率估计已近似为方差 $\Sigma_{\theta,t}^{(k)(n)}$ 和均值 $\mu_{\theta,t}^{(k)(n)}$ 的高斯分布, 基于上一时刻估计得到的环境特征均值和方差, 结合当前时刻已标定传感器节点对该环境特征的观测, 以及机器人对该环境特征的观测, 采用 EKF 算法可以递推地估计出当前时刻的环境特征参数, 从而实现环境特征估计的更新, 具体算法见 10.2.6 节.

当仅存在机器人对环境特征的观测, 而不存在传感器网络对环境特征的观测时, 即 $\{x_t\} = \mathrm{NULL}$ 且 $\{y_t\} \neq \mathrm{NULL}$, 则式 (10.49), (10.50) 可简化为

$$\Sigma_{\theta,t}^{(k)(n)} = [(\Sigma_{\theta,t-1}^{(k)(n)})^{-1} + G_\theta^{\mathrm{T}} R_t^{-1} G_\theta]^{-1} \tag{10.51}$$

$$\mu_{\theta,t}^{(k)(n)} = \mu_{\theta,t-1}^{(k)(n)} + \Sigma_{\theta,t}^{(k)(n)} G_\theta^{\mathrm{T}} R_t^{-1}(y_t^n - \hat{y}_t^{n,(k)}) \tag{10.52}$$

则此时该问题退化为传统 SLAM 中的环境特征估计 (即建图) 问题.

10.2.6 同时定位、标定与建图的完整算法

通过前面的分解, 并采用 Rao-Blackwellized 粒子滤波思想, 在 t 时刻, 物联网机器人系统同时定位、标定与建图问题的求解算法如下:

步骤 1 基于粒子滤波的机器人定位环节:

(1) 机器人位姿估计: 采样机器人位姿粒子;

$$s_t^{(k)} \sim N(s_t; \mu_{s,t}^{(k)}, \Sigma_{s,t}^{(k)});$$

(2) 位姿粒子权值计算: 计算各位姿粒子的权值, 归一化;

(3) 计算有效粒子数, 进行粒子重采样;

步骤 2　传感器节点标定环节: 基于 EKF 估计传感器节点的位姿参数:

(1) 预测更新:

$$\hat{\mu}_{\psi,t}^{(k)(m)} = \mu_{\psi,t-1}^{(k)(m)}; \quad \hat{\Sigma}_{\psi,t}^{(k)(m)} = \Sigma_{\psi,t-1}^{(k)(m)}$$

(2) 根据传感器节点对机器人观测的观测更新:

$$\tilde{\mu}_{\psi,t}^{(k)(m)} = \hat{\mu}_{\psi,t}^{(k)(m)} + \hat{\Sigma}_{\psi,t}^{(k)(m)} F_{\psi}^{\mathrm{T}} Q_t^{-1} (z_t^m - \hat{z}_t^{m,(k)});$$

$$\tilde{\Sigma}_{\psi,t}^{(k)(m)} = [(\hat{\Sigma}_{\psi,t}^{(k)(m)})^{-1} + F_{\psi}^{\mathrm{T}} Q_t^{-1} F_{\psi}]^{-1}$$

(3) 根据传感器节点对已定位环境特征观测的观测更新:

$$\mu_{\psi,t}^{(k)(m)} = \tilde{\mu}_{\psi,t}^{(k)(m)} + \tilde{\Sigma}_{\psi,t}^{(k)(m)} D_{\psi}^{\mathrm{T}} (T_t + D_{\theta} \Sigma_{\theta,t-1}^{(k)(n)} D_{\theta}^{\mathrm{T}})^{-1} (x_{t,n}^m - \hat{x}_{t,n}^{m,(k)})$$

$$\Sigma_{\theta,t}^{(k)(m)} = [(\tilde{\Sigma}_{\psi,t}^{(k)(m)})^{-1} + D_{\psi}^{\mathrm{T}} (T_t + D_{\theta} \Sigma_{\theta,t-1}^{(k)(n)} D_{\theta}^{\mathrm{T}})^{-1} D_{\psi}]^{-1}$$

步骤 3　环境特征建图环节: 基于 EKF 估计环境特征的位置:

(1) 预测更新:

$$\hat{\mu}_{\theta,t}^{(k)(n)} = \mu_{\theta,t-1}^{(k)(n)}; \quad \hat{\Sigma}_{\theta,t}^{(k)(n)} = \Sigma_{\theta,t}^{(k)(n)}$$

(2) 根据机器人对环境特征观测的观测更新:

$$\tilde{\mu}_{\theta,t}^{(k)(n)} = \hat{\mu}_{\theta,t}^{(k)(n)} + \hat{\Sigma}_{\theta,t}^{(k)(n)} G_{\theta}^{\mathrm{T}} R_t^{-1} (y_t^n - \hat{y}_t^{n,(k)});$$

$$\tilde{\Sigma}_{\theta,t}^{(k)(n)} = [(\hat{\Sigma}_{\theta,t}^{(k)(n)})^{-1} + G_{\theta}^{\mathrm{T}} R_t^{-1} G_{\theta}]^{-1}$$

(3) 根据传感器节点对环境特征观测的观测更新:

$$\mu_{\theta,t}^{(k)(n)} = \tilde{\mu}_{\theta,t}^{(k)(n)} + \tilde{\Sigma}_{\theta,t}^{(k)(n)} D_{\theta}^{\mathrm{T}} T_t^{-1} (x_{t,n}^m - \hat{x}_{t,n}^{m,(k)});$$

$$\Sigma_{\theta,t}^{(k)(n)} = [(\hat{\Sigma}_{\theta,t}^{(i)(n)})^{-1} + D_{\theta}^{\mathrm{T}} T_t^{-1} D_{\theta}]^{-1}$$

同时定位、标定与建图问题的本质是多传感器信息融合意义下的状态估计问题. 本章方法采用序贯方式融合两类观测信息进行状态的观测更新, 针对每一类观测, 当同时存在多个该类观测时, 仍然采用序贯方式加以融合, 如对于步骤 2(2) 的观测更新, 当存在多个传感器节点对机器人的观测时, 采用序贯方式融合多传感器节点的观测信息, 同样策略应用于步骤 2(3)、步骤 3(2) 和步骤 3(3) 中存在多个同类观测的情形. 假定物联网机器人系统中包含一个移动机器人和一个由 M 个节点构成的传感器网络, 且环境中包含 N 个特征点, 本章算法中粒子个数选为 K, 在极端情形下, 即各传感器节点始终可以观测到机器人和所有环境特征点, 且机器人在任意时刻也都可以观测到所有环境特征点时, 本章算法所要融合的数据量最大, 通过算法分析可知此情况下算法循环次数为 $K(M(N+1)+N(M+1))$, 或者说, 本算法在最坏情况下的时间复杂度为 $O(KMN)$.

10.3　实　　验

　　由于实际的物联网机器人系统尚未搭建完成, 仅进行了仿真实验, 验证本章方法的可行性和有效性.

　　Tim Bailey 提供了 SLAM 的 MATLAB 仿真程序和一个 200m×200m 的数据集[9], 在此基础上作如下改动: 在地图中随机添加 landmark 和 waypoint 数据, 其位置如图 10.3 所示; 机器人初始位置在原点处, 方向朝左; 控制周期 $t_c = 0.025$s; 机器人能够得到距离和方位的观测信息, 观测范围为其前方半径为 30 m 的半球区域, 观测采样周期 $\Delta T = 0.2$s, 观测噪声的协方差 $R_t = \text{diag}\{0.1^2, 0.1^2\}$, 运动速率 $u = 3$m/s, 运动噪声的协方差为 $P_t = \text{diag}\{0.3^2, (3°)^2\}$, 实验中所用到粒子滤波的采样粒子数均取为 $K = 100$.

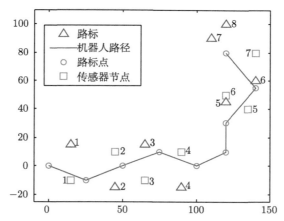

图 10.3　环境特征、传感器节点和机器人运行路径示意图

　　在机器人运动平面上布撒传感器节点构成覆盖整个机器人工作空间的传感器网络, 其位置如图 10.3 所示. 不妨假定传感器节点同样能够得到距离和方位的观测信息, 观测范围为以节点为中心、30m 为半径的圆形区域, 观测采样周期 $\Delta T = 0.05$s, 传感器节点对环境特征的观测噪声协方差 $T_t = \text{diag}\{0.1^2, 0.1^2, 0.1^2\}$, 传感器节点对机器人状态的观测噪声协方差 $Q_t = \text{diag}\{0.1^2, 0.1^2, (3°)^2\}$.

　　第一组仿真实验进行机器人定位精度对比, 分别采用 EKF-SLAM, FastSLAM 2.0 与本章的物联网机器人系统 U-SLAM (ubiquitous robot system SLAM, U-SLAM) 方法进行对比, 三类方法各运行 50 次, 得到的机器人位置误差的数学期望和方差如图 10.4 所示, 角度误差的数学期望和方差如图 10.5 所示. 可以看出, 在传统的 SLAM 方法中, EKF-SLAM 算法仅利用机器人运动模型进行位姿估计而没有考虑对环境的观测信息, 得到的定位误差较大; FastSLAM 2.0 算法由于充分考虑机器人观测信息, 定位精度较高, 但由于传感器随机器人运动, 导致这两种传统 SLAM 方法都存在定位误差随运动时间明显增大的缺陷. 而对于本章 U-SLAM 方法, 由于传感器网络各节点独立于机器人, 解除了观测与机器人运动之间的数据耦合, 在明显提高机器人位姿估计精度的同时, 估计的稳定性也有大幅改善.

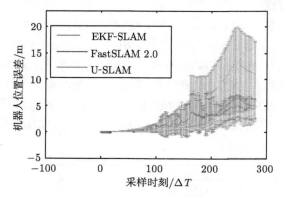

图 10.4　机器人位置误差对比 (后附彩图)

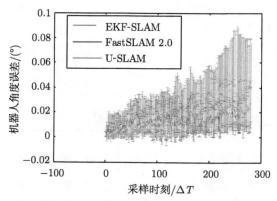

图 10.5　机器人角度误差对比 (后附彩图)

　　第二组仿真实验进行传感器网络标定精度对比, 分别对仅依据运动方程的机器人位姿、依据 FastSLAM 2.0 的机器人位姿, 以及本章的物联网机器人系统 U-SLAM 中联合机器人位姿与环境特征这三类传感器网络标定方法进行对比, 三类方法各运行 50 次, 得到的传感器网络标定误差的数学期望和方差如图 10.6 所示. 可以看出, 仅依据运动方程的方法, 机器人位姿估计误差随运动距离增加迅速, 得到的标定结果误差很大, 难以满足要求; 依据 FastSLAM 2.0 算法能够有效减少机器人位姿估计误差, 从而提高了节点标定的精度, 但由于仅考虑了节点对机器人的观测, 产生的标定误差仍然较高. 而对于本章 U-SLAM 方法, 传感器网络各节点标定、机器人位姿估计相对独立, 解除了观测与机器人运动之间的数据耦合, 在明显提高机器人位姿估计精度的同时, 传感器节点标定的精度和稳定性也得到了大幅改善.

第三组仿真实验进行环境建图精度对比, 分别对仅依据运动方程的机器人位姿、FastSLAM 2.0 的机器人位姿, 以及本章的物联网机器人系统 U-SLAM 中联合机器人位姿与环境特征这三类环境建图方法进行对比, 三类方法各运行 50 次, 得到的传感器网络标定误差的数学期望和方差如图 10.7 所示. 可以看出, 仅依据运动方程的方法, 机器人位姿估计误差随运动距离增加迅速, 导致建图误差很大, 难以满足要求; 依据 FastSLAM 2.0 算法能够有效减少机器人位姿估计误差, 从而提高了建图的精度, 但由于仅考虑了节点对机器人的观测, 产生的标定误差仍然较高. 而对于本章 U-SLAM, 机器人位姿估计、传感器网络各节点标定和环境建图相对独立, 环境建图的精度和稳定性得到了大幅提高.

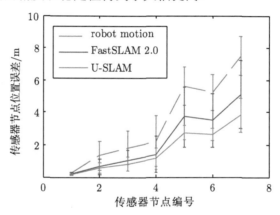

图 10.6　传感器网络标定误差对比 (后附彩图)

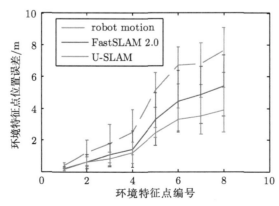

图 10.7　环境特征建图误差对比 (后附彩图)

　　第四组仿真实验进行动态环境下的机器人定位精度对比. 在第 $30\Delta T$ 时, 将经过机器人定位的目标 L_m 从 $L_2 = [45\ -15]^{\mathrm{T}}$ 处移动到未建图区域 $L'_2 = [23\ 21]^{\mathrm{T}}$ 处, 机器人在第 $36\Delta T$ 时刻重新发现该目标, 假定机器人并未发现目标 L_m 的变动, 利用传统的 SLAM 算法进行目标 L_m 数据关联并根据先前获取的 L_m 信息自定位, 得到的位置和角度误差分别如图 10.8 和图 10.9 所示. 可以看出, 采用 EKF-SLAM, UKF-SLAM 和 FastSLAM 2.0 算法得到错误定位, 其原因在于此三种算法在定位环节中融合了机器人的观测信息, 但机器人感知范围有限而未察觉目标变动, 仍以先前获取 L_m 的位置和当前观测来推算当前位姿, 从而导致定位错误. 对于 FastSLAM 1.0 算法, 机器人定位只根据自身控制信息完成, 未融合观测信息从而避免受动态环境的影响. 而对于本章 U-SLAM 方法, 通过传感器网络监测动态环境特征的变化, 并将其告知移动机器人, 避免了动态路标对机器人定位的影响, 并获得了比 FastSLAM 1.0 更高的定位精度.

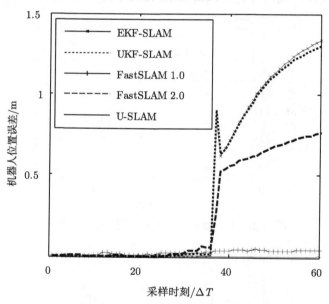

图 10.8　动态环境下机器人位置误差对比

　　上述实验均在 Windows XP 系统下进行, 计算主机的 CPU 采用 Pentium42.4 GHz, 内存为 1G. 在该配置下运行 EKF-SLAM 的平均耗时为 12.3s, UKF-SLAM 的平均耗时为 15.4s, FastSLAM 1.0 平均耗时为 80.7s, FastSLAM 2.0 的平均耗时为 135.4s. 本章 U-SLAM 方法运行的平均耗时为 280.8s, 虽然实时性较差, 但仍能满足实际系统的需要, 并且重要的是, 能够在定位和建图过程中在线完成传感器网络标定. 实验中没有进行本章方法与传统先离线标定后在线定位建图的对比, 主要原因是，定位和建图的精度很大程度上取决于标定的精度，而在传统方法中离线标定的精度本身随标定方法和策略差异很大.

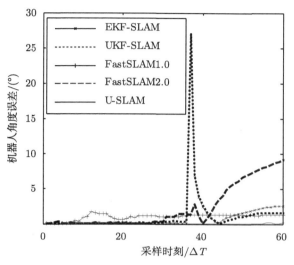

图 10.9　动态环境下机器人角度误差对比

10.4　本 章 小 结

本章针对普适机器人系统提供服务的基础工作，即机器人定位、传感器网络标定和环境建图三个互相耦合的关键问题展开研究，提出了普适机器人系统同时定位、标定与建图的概念，给出了同时机器人定位、传感器网络标定与环境建图问题的联合条件概率表示，基于贝叶斯公式和马尔可夫特性将其分解为若干可解项，并由 Rao-Blackwellized 粒子滤波迭代求解，设计了位姿粒子的采样提议分布和权值更新公式，并给出了机器人定位、传感器网络标定和环境建图的递推公式.

参 考 文 献

[1]　吴培良, 孔令富, 孔亮. 一种普适机器人系统同时定位、标定与建图方法 [J]. 自动化学报, 2012, 38(4): 618-631.

[2]　Wu P L, Kong L F, Kong L. Research on simultaneous localization, calibration and mapping of network robot system[J]. Automatika, 2015, 56(4): 466-477.

[3]　Wu P L, Luo Q, Kong L F. Cooperative localization of network robot system based on improved MPF[C]. Proceedings of IEEE International Conference on Information and Automation (ICIA), Ningbo, China, 2016: 796-800.

[4] Wu P L, Kong L F, Kong L. A solution to the simultaneous robot localization and camera-network calibration problem of ubiquitous robot system[J]. ICIC Express Letters, 2011, 5(8): 2759-2765.

[5] Wu P L, Duan L L, Kong L F. RGB-D salient object detection via feature fusion and multi-scale enhancement[C]. Proceedings of 1st Chinese Conference on Computer Vision (CCCV), 2015: 359-368.

[6] 李海涛, 吴培良, 孔令富. 基于特征约束和均值漂移的机动目标粒子跟踪 [J]. 控制与决策, 2010, 25(1): 149-152.

[7] 吴培良, 刘海东, 孔令富. 一种基于丰富视觉信息学习的 3D 场景物体标注算法 [J]. 小型微型计算机系统, 2017, 38(1):154-159.

[8] 吴培良, 李亚南, 杨芳, 等. 一种基于 CLM 的服务机器人室内功能区分类方法 [J]. 机器人, 2018, 40(2): 188-194.

[9] Bailey T. SLAM Simulations[OL]. http://www-personal.acfr.usyd.edu.au/tbailey/ software/slam simulations.htm[2011-11-26].

彩　　图

(a) 对应功用性　　　　　　　　　　　　(b) 目标部件功用性检测结果

图 2.2　RGB-D 数据集中部分对象

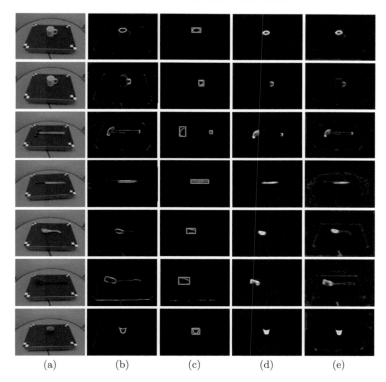

(a)　　　　　(b)　　　　　(c)　　　　　(d)　　　　　(e)

图 2.3　本章方法和文献 [5] 方法在单一场景下对不同工具 7 种功用性检测效果. (a) 为待检测单一场景图像; (b) 为功用性边缘检测器检测结果; (c) 为由粗到精阈值滤波结果; (d) 为本章最终检测结果; (e) 为文献 [5] 方法检测结果

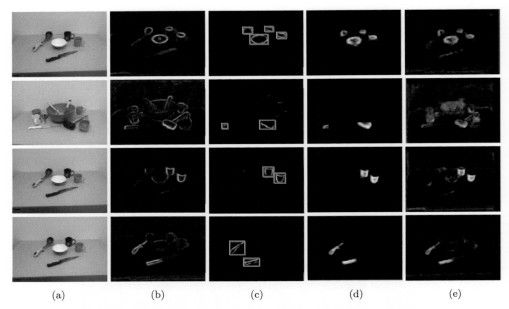

(a)　　　　　　　(b)　　　　　　　(c)　　　　　　　(d)　　　　　　　(e)

图 2.4　本章方法和文献 [5] 方法在复杂场景下对不同功用性的检测效果. (a) 为待检测复杂场景图像；(b) 为功用性边缘检测器检测结果；(c) 为由粗到精阈值滤波结果；(d) 为本章最终检测结果；(e) 为文献 [5] 方法检测结果

图 3.2　RGB-D 数据集中部分对象

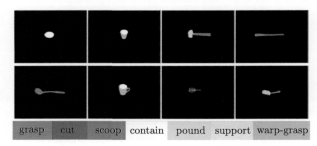

| grasp | cut | scoop | contain | pound | support | warp-grasp |

图 3.3　示例工具所具有的功用性部件

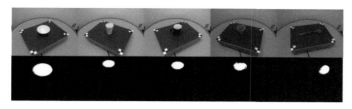

图 3.4　包含功用性 contain 的工具及对应目标功用性区域的真实值图

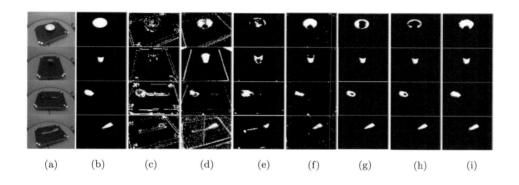

(a)　　(b)　　(c)　　(d)　　(e)　　(f)　　(g)　　(h)　　(i)

图 3.5　(a) 为单一场景下的待检测工具图, 由上到下分别为碗 (bowl)、杯子 (cup)、勺子 (ladle)、铲子(turner);(b) 为待检测目标功用性部件的真实值图, 由上到下分别为 contain, wrap-grasp, scoop, support;(c) 为 SIFT ＋文献 [1] 方法检测结果;(d) 为深度特征＋文献 [1] 方法检测结果;(e) 为 SIFT ＋文献 [2] 方法检测结果;(f) 为深度特征＋文献 [2] 方法检测结果;(g) 为深度特征＋文献 [13] 方法检测结果;(h) 为深度特征＋文献 [12] 方法检测结果;(i) 为本章方法检测结果

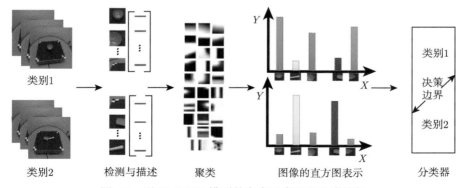

图 4.2　基于 BOW 模型的家庭日常工具分类构架

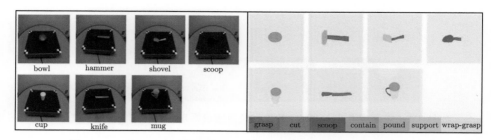

图 4.3　7 种工具示例及其包含的 7 种功用性部件及对应功用性标记

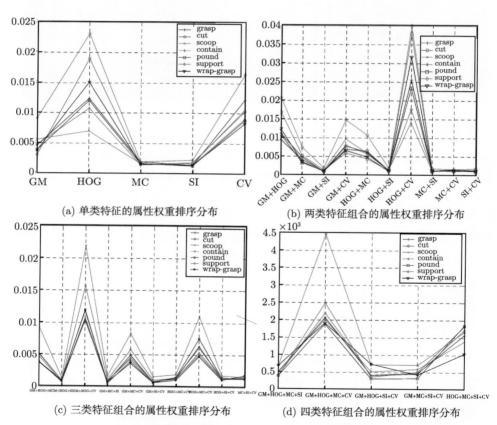

(a) 单类特征的属性权重排序分布

(b) 两类特征组合的属性权重排序分布

(c) 三类特征组合的属性权重排序分布

(d) 四类特征组合的属性权重排序分布

图 4.4　特征组合情况下的特征属性权重排序分布

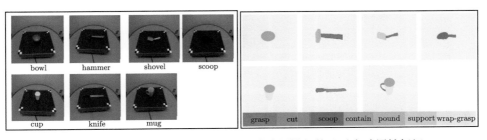

图 4.5   7 种工具示例及其包含的 7 种功用性部件及对应功用性标记

cut	knife saw scissors shears	
scoop	ladle scoop spoon	
contain	bowl cup mug pot	
pound	hammer mallet tenderizer	
support	trowel shovel turner	

(a) 5 类家庭日常工具及示例

(b) 本章使用 Kinect 采集的工具样本示例

图 5.2   RGB-D 数据集及本章采集的部分工具对象

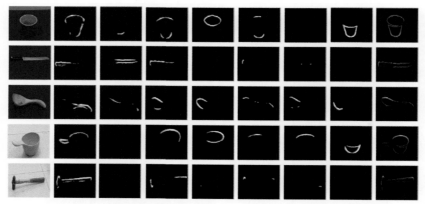

图 5.3　7 种功用性部件边缘检测器对工具各部件的检测结果及功用性部件组合的
工具显著图

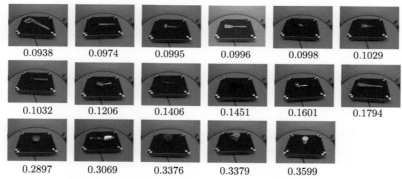

图 5.5　17 种工具名称及其与 contain 类工具的相似度

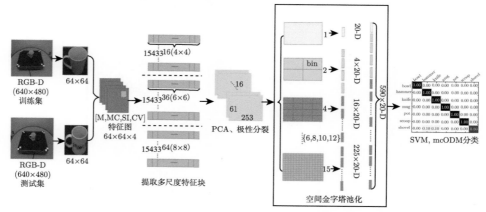

图 6.1　基于空间金字塔池化的工具分类检测整体流程图

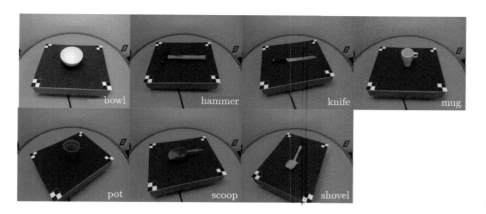

图 6.2　实验中选用的 7 类工具示例

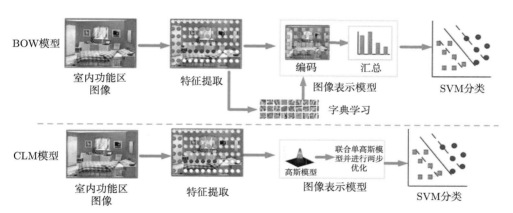

图 7.1　BOW 模型与 CLM 模型构建过程及对比

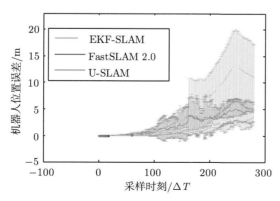

图 10.4　机器人位置误差对比

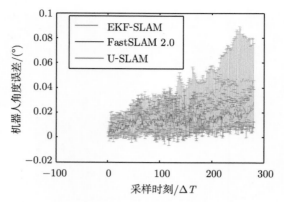

图 10.5　机器人角度误差对比

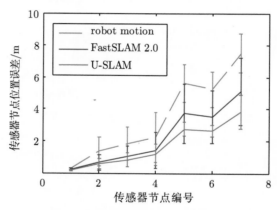

图 10.6　传感器网络标定误差对比

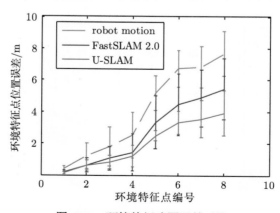

图 10.7　环境特征建图误差对比